인류가 나타난 날 하

빙하와 인류시대의 수수께끼를 풀다

인류가 나타난 날 하

빙하와 인류시대의 수수께끼를 풀다

–

초판 1쇄 1979년 8월 9일
개정 1쇄 2024년 4월 29일

–

지 은 이 가와이 나오토·이케베 노부오·후지 노리오·나카이 노부유키
옮 긴 이 한명수
발 행 인 손동민
디 자 인 이현수

–

펴낸 곳 전파과학사
출판등록 1956. 7. 23. 제 10-89호
주 소 서울시 서대문구 증가로18, 204호
전 화 02-333-8877(8855)
팩 스 02-334-8092
이 메 일 chonpa2@hanmail.net
홈페이지 www.s-wave.co.kr

ISBN 978-89-7044-656-1 (03470)

인류가 나타난 날 하

빙하와 인류시대의 수수께끼를 풀다

전파과학사

머리말

데카르트는 사람은 '생각하기 때문에 존재하는' 동물이라고 정의했다.

인류는 언어와 문자를 통해 서로 통신하게 되었다.서로 같은 말을 하며, 문자를 발명하여 통신하게 되었고, 신을 믿으며, 음악과 시에 취하기도 하고 그림과 조각에 넋을 잃었다. 문학이라는 수다스런 세계를 알고, 철학의 심오한 연못에 빠지고, 건축에서 시작하여 토목에 이르는 고도한 기술을 익혔다. 공업을 통해 산업을 일구었으며 드디어 과학이라고 부르는 문명의 극치를 찾아냈다.

그리하여 앞으로 인류 세계에는 거의 무한한 가능성이 약속된 것처럼 보인다. 이 특수하고 뛰어난 초동물(超動物)이 '언제', '어떻게' 또 '무엇 때문에' 지구 표면에 나타났는지 연구하고 있다.

인류가 막 나타났을 무렵 인류는 얌전했고, 자연계의 동식물과 소박하게 조화하고 온화하게 공존하였다. 그런데 어느새 자연계를 이용하는 꾀를 배우고, 더욱이 이들을 제압하기 시작하여 끝내 멸망시키는 데 맛을 들였다. 그 결과 자신에게 이로운 동식물만을 만들기 시작했다. 그리고

지하에서 에너지의 근원을 캐내려고 끊임없이 지표를 깎아 버렸고, 그칠 줄 모르게 전쟁을 되풀이해 왔다. 만일 지구 밖에서 이 횡폭한 인류의 활동을 바라보는 다른 생물이 있었다면 그들은 경악하는 눈을 뜨고, 못다 꾼 악몽에 가위눌릴지도 모른다.

나는 어찌하여 인류에 관해서만 그들이 걸어온 어둡고 긴 복도 같은 길에 빛을 비추어 이같은『인류가 나타난 날』이라는 책을 쓸 수 있었는가, 아무래도 불가사의하다면 불가사의한 일이다. 또, 생각하면 생각할수록 생각하기 때문에 존재한다는 인간의 존재 이유는 헤아릴 수 없고, 풀 수 없는 까다로운 문제가 되어 버린 듯하다.

인류 이전의 동물이, 그리고 식물이 무엇이었으며 '언제', '무엇 때문에' 또 '왜' 변화해 왔는가 하는 의문을 이해한 것도 다름 아닌 인류이다. 그러므로 생명의 기원이 밝혀질 날도 머지 않았다.

또 신도 지금까지는 손대지 않던 인간 자신의 생명과 그 변모를 인류만이 마음대로 할 수 있을 것 같다. 염색체 개조는 인간만이 할 수 있기 때문이다.

자연을 초월한 것같이 보이고, 불손과 불신에 가득 찬 이 생물도 결국은 동물의 일종이며, '진화가 극단적으로 방산한 종은 절멸한다'는 대 법칙에서 벗어나지는 못한다. 만일 그것이 사실이라면 멸망할 날은 언제쯤 닥칠까.

이 책은 인류가 나타난 즈음의 지구 무대 뒤에서부터 시작하여 인류의 탄생과 진화를 살피고, 드디어 현재로 이르는 빛나는 인류의 이력서이다.

지구의 환경이 어떻게 변화해 왔는가 소개하는 동시에, 지금까지의 광망과는 달리 신들의 황혼이 닥쳐 사람들의 마음을 더욱더 불안하게 하는 '앞날'을 독자에게 이해시키려고 네 사람의 전문가가 각각 독립된 입장에서 전개한 추리이기도 하다.

인류가 장차도 발전하고 그대로 존속할 것인가는 이 책을 읽는 사람에 따라 서로 다르게 느낄 것이며, 지금으로서는 예언하기 어렵다.

그러나 언젠가는 누군가가 반드시 인류의 종말을 지켜보는 날이 닥칠 것이다. 이 예언을 하게 될 날은 그리 먼 미래가 아니고, 인류시대의 역사가 완성될 즈음 갑자기 온다.

저자들

차례

제4장 과거의 기후 변화를 살핀다

제5장 호수와 바다로부터의 편지

인류가 나타난 날 ㊤

제3장

과거의 기후 변동을 살핀다

가나자와대학 교수
후지 노리오

최근의 이상 기온

나날의 인사 속에 나타난 풍토의 차이

우리가 평소에 그다지 신경을 쓰지 않는 일상다반사 속에 이상한 일과 중요한 일이 숨겨져 있다. 그러다가 언뜻 저도 모르게 알아차리기도 하는 일 중에서 외국에 여행하면 생각나는 것이 피차간의 인사말 차이이다.

일본에서는 매일의 날씨가 반드시 화제가 된다. 이것은 일상 인사말뿐만이 아니다. 편지에도 서두에 달에 따라 계절에 따라, 그때그때 기후의 인사말이 들어간다. 이를테면 7월이면 성하(盛夏), 성서(盛暑), 대서(大暑), 극서(極暑), 삼복(三伏) 등의 단어를 쓴다. 같은 달이라도 이렇게 많은 기후 인사말을 가진 나라는 서양에서는 없다.

이런 현상은 일본이 놓인 지리적, 기상적 위치에 기인한다. 계절 변화에 따라 주위의 풍물, 특히 식물이 바뀌고 기후도 변화하기 때문이다. 건기와 우기밖에 없고, 상록활엽수나 사막 같은 변화가 없는 풍토 속에서 사는 사람들 사이에서는 인사나 일상 회화에 날씨가 소재가 되지 못한다. 일본인의 민족성도 이런 풍토에서 온 것인지도 모르겠다.

그런데 최근 이상 기상이 신문, TV를 비롯하여 사람들 입에 오르내리는 일이 많아졌다.

그림 3-1 | 일본 호쿠리쿠(北陸) 지방에 내린 폭설

지구는 얼어붙는다!

1977년 겨울은 강력한 한기단(寒氣團)이 일본 상공에 자리 잡고 남쪽 고치현은 약 100년 기상대 사상 처음으로 최저 기온이, 주고쿠 히로시마에서도 2월에는 90년 만의 저온이 나타났고, 호쿠리쿠(北陸)에서는 1963년에 내린 폭설을 웃도는 이상 폭설이 내렸다. 금세기 이래 추위의 기록이 차례로 갱신되었고 춘삼월이 되어도 한파가 맹위를 떨쳤다.

1963년의 기록적인 폭설을 웃도는 맹렬한 한파로 호쿠리쿠 지방은 연말부터 세 차례씩이나 폭설이 내렸다. 교통기관의 혼란은 사상 최악이었고 철도는 40% 이상 운행이 중단되었다. 연달아 밀어닥치는 한파에 철도 당국이 자랑하던 특급 열차와 신칸센 열차도 운휴했다. 생선의 수송에도 차질이 빚어졌다. 제설 작업에 따른 적자로 지방자치제의 어깨가 무거웠고, 융설장치(融雪裝置)의 완전 가동과 수도관 동결 및 파열 등으로 가나자와시의 상수도 사용량은 사상 최고를 기록했다. 수도 사용량은 여름에 뛰어오르는 것이 상례인데 이처럼 겨울에 최고를 기록한 것은 처음 있는 일이었다.

주민 생활도 리듬이 뒤틀려 버렸다. 상점가는 어디든 개점휴업 상태였다고 한다. 언제나 쇼핑하는 주부들이 붐비는 지하 식품 매장은 손님보다 점원 수가 더 많은 상태였다. 봄맞이 바겐세일을 시작한 여성 용품 전문점에도 '봄'은 찾아오지 않고 손님이 뜸했다는 소식이다. 오는 것은 한파뿐이었던 3월 초 호쿠리쿠와 더불어 한파에 휩싸인 도호쿠(東北)와 규슈(九州)의 기온도 평년보다 2~3℃ 낮았다.

미국 오대호 근처인 미네소타대학에서 필자의 은사가 보내온 편지에 의하면 1월 최저 온도는 −74℃를 기록했고, 시카고와 콜럼버스의 1월 평균기온이 평년보다 10.8℃나 낮은 -20℃를 기록했다고 한다. 이러한 저온은 2만 년 전의 대빙하시대에 준하는 이상 한동이다. 바야흐로 "지구는 얼어붙는다!"라고 할 지경이다.

찬 여름 때문에도 울상

추운 것은 겨울뿐만이 아니었다. 1976년 여름, 몇십 년에 한 번이라는 '찬 여름'을 만나 농작물이 크게 영향을 받았고 농민들의 낯빛은 어두웠다. 해수욕, 에어컨 등 여름을 파는 사람들도 크게 손해를 보았다.

가나자와(金沢) 기상대에 의하면 8월의 비 오는 날은 평년의 두 배가 되는 17일이었고, 월평균 기온은 24.8℃로 25℃를 밑돌았다.

예상됐던 흉작은 들어맞았다. 호쿠리쿠의 벼농사는 냉해 때문에 '다소 불량~불량'이라 판정되었다. 도호쿠~홋카이도(北海道)에서는 결실하지 않는 벼 이삭을 할머니들이 울면서 태워 버리는 것을 보았을 때는 가슴이 아팠다.

피서하기 위해 산이나 바다로 떠난 사람들의 수는 예년보다 20%나 줄었고 호프집도 파리를 날렸다. 제일 타격을 받은 것은 여름의 미각-수박이었다. 수박의 매상은 예년의 3분의 1밖에 안 되는 5억 엔으로, 10억 엔의 큰 손해를 보았으며 가나자와 근교의 수박 업자는 세금만 겨우 물었다고 한탄하는 지경이었다.

이상 기온은 잊을 만하면 다시 닥친다

자료를 조사해 보면 최근의 호쿠리쿠 지방의 이상 기온은 1976년 초부터 계속되었다. 가나자와시에서는 2월 평균기온이 4.7℃로서 평균을 약 2℃ 밑돌았고, 강설 총량은 14㎝로서 기상대 관측사 약 90년 동안에

세 번째로 적었다. 6~8월에는 집중호우와 장마가 잇따랐다. 1977년 겨울의 이상 한동은 다름 아닌 전해 이상 기상의 연장이었다.

다시 낡은 기록을 찾아보면

1962년 가을에 이상 고온이 계속되었다. 태풍이 내습하지 않았다.

1963년 호쿠리쿠 지방에 폭설, 5월부터 장마가 시작되어 서부 일본은 긴 장마로 보리는 흉작(평년의 반)이었다. 태풍이 내습하지 않았다.

1964년 겨울이 따뜻했고 비가 많았는데도, 홋카이도에서 도호쿠 지방은 냉해를 입었고, 서부 일본은 여름이 더웠으며 가물었다.

1965년 봄부터 7월까지 이상 저온이 계속되었고 5월에 태풍이 내습했다.

지난 15년간의 일본 열도를 둘러싼 이상 기상을 헤아리면 한이 없다.

그런데 이 이상 기상은 대체 무엇을 뜻하는가 좀 더 생각해 보자.

최근 어느 해는 겨울이 덥고, 어느 해는 추워 갈피를 못 잡는다. 지구는 추워졌는가, 그렇지 않으면 더워졌는가를 알아보기 위해 좀 더 세밀히 자료를 조사해 보자. 예를 들면 일본에서는 2~3월에 저기압이 일본 열도를 가로지른다. 이 무렵이 되면 겨울 동안 기승을 부리던 한기단도 차츰 수그러든다. 이때 저기압이 밀려옴과 더불어 남쪽에서 세고 따뜻한 바람이 불어온다. 이 바람은 "봄의 입김"이 찾아드는 바람으로 여겨왔다. 그런데 이 바람이 불어오는 시기가 1950년경에는 2월 10일 전후였는데, 1960년경부터 빨랐다 늦어졌다 하면서 전체적으로 늦어지고 있다. 최근에는 3월 10~20일경이 되어야 가까스로 불어오는 해조차 있다. 이밖에도 여러 가지 자료가 있는데 그것을 종합하면 어쩌면 최근 지구는 점차 추워진다고 말해야 할 것 같다.

외국은 어떤가?

일례로 북대서양에 있는 아이슬란드를 보자. 여기서는 봄(3~5월) 3개월 동안에 유빙(流氷) 때문에 어선이 조업을 못 하는 날이 있다. 그 일수의 경년 변화를 보면 1950년대까지는 평균 15일 정도 조업을 못 하던 것이, 1960년에 들어서자 얼음 상태가 급속히 악화하여 최근에는 봄의 반에 해당하는 55일간이나 조업을 못 하게 되었다. 아이슬란드도 1960년을 경계로 하여 확실히 한랭화했다. 그렇다면 북반구 전체가 일률적으로

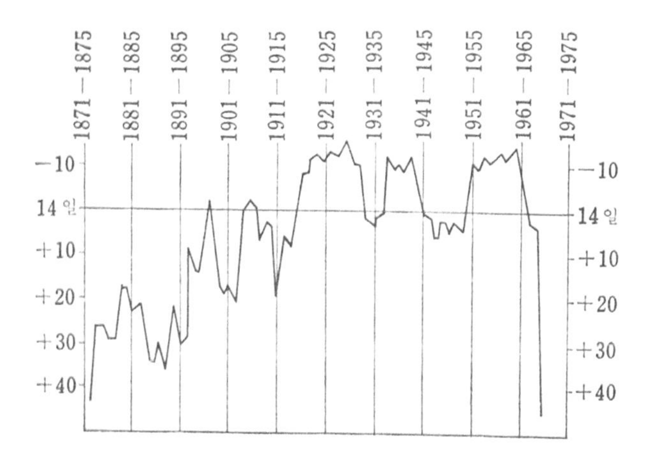

그림 3-2 | 아이슬란드에서 3~5월에 유빙 때문에 해상에서 조업하지 못하는 일수의 경년 변화(根本, 1973).

추워졌는가.

필자가 미국 미네소타대학에서 연구하던 1976년 2월경 미니애폴리스(북위 39° 08')에서는 낮에도 -20~-30℃의 추운 날이 계속되었는데, 거의 같은 위도에 있는 뉴욕에서는 셔츠 하나만으로도 더웠고, 바로 동쪽인 북대서양은 한기단에 싸여 추웠다. 그런데 북부 유럽에서 중부 유럽은 예년에 없는 더운 겨울이 찾아와 그 이상 기온은 여름까지 계속되었고, 런던에서는 템스강 수위가 내려가 이상 한발(旱魃)을 만났다. 일본에서는 4월 하

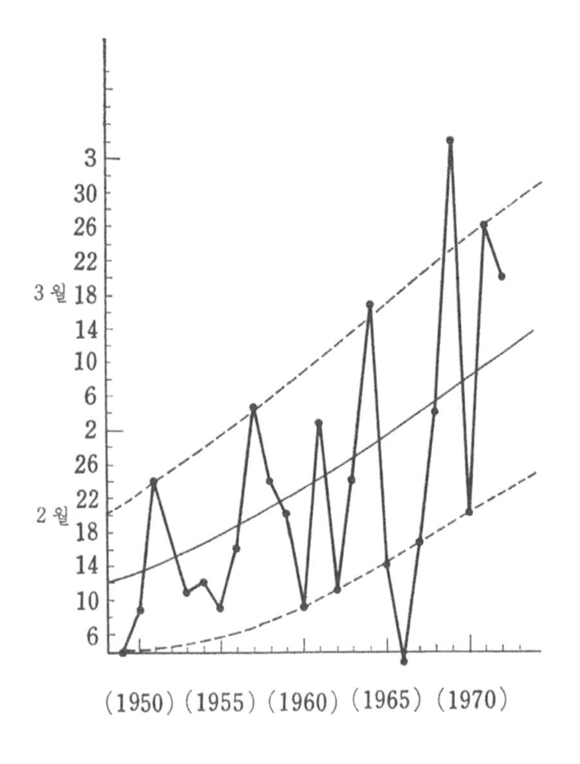

그림 3-3 | 봄바람이 부는 경년 변화(根本, 1973).

순까지 저온이 계속되어 벚꽃이 늦게 핀 일이 아직도 기억에 새롭다.

이렇게 보면 북반구 전체가 일률적으로 추워진 것은 아니다. 같은 위도에 있으면서 심한 한란의 차가 생기는 이상 기상은 1960년경부터 일본뿐만 아니라 세계 각지에서 일어나기 시작하여 이상 기상에 따른 추운 겨울, 나아가서는 빙하기까지 화제에 오르기 시작했다.

이상 기상을 낳는 삼파장형 기류

한 지방에서만 일어난 것같이 보이는 이상 현상이 실은 세계 각지에서 때를 같이하여 일어나고 있다. 같은 위도에 있으면서 어째서 이렇게

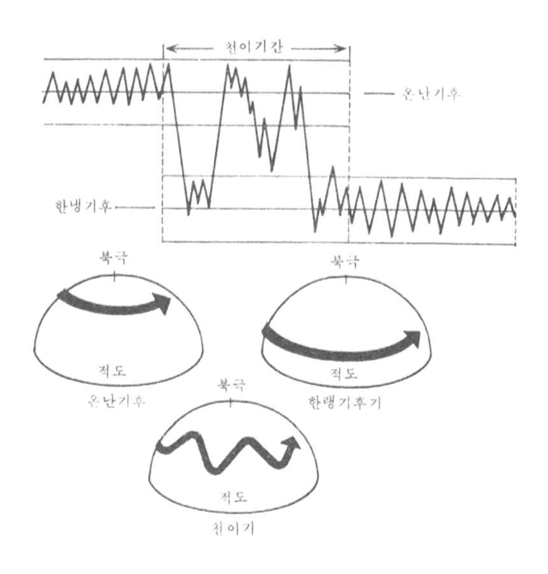

그림 3-4 | 온난 기후로부터 한랭 기후에의 변화의 천이기에 삼파장형 대순환이 나타난다 (久保田鉄工, 기후 변동).

한란의 차가 생길까.

그 원인에 대해서는 여러 가지 학설이 있는데, 그 학설 가운데서 많은 기상학자가 지지하는 이론이 삼파장형이라 불리는 기압 배치형이다.

북반구의 중위도 지방 상공에는 편서풍이 분다. 1960년경까지의 온난기에는 편서풍은 적도에 평행하게 불면서 지구를 일주했다. 그런데 1960년을 경계로 하여 이 기류가 어떤 곳에서는 적도에 보다 가까이, 다른 곳에서는 북으로 몰리면서 기류가 각각 북과 남을 향하여 꼬불꼬불 불기 시작했다. 그 때문에 기류가 남으로 몰린 곳에서는 북으로부터의 한기단이 남으로 뻗기 때문에 추워지고, 북으로 몰린 곳에서는 남쪽으로부터의 온기단이 뻗기 때문에 같은 위도에 있으면서도 따뜻하다.

이 꼬불꼬불 부는 기류를 북극에서 보면 세 개의 꼬불꼬불한 파로 보이므로 "삼파장형(三波長型)"이라 부른다.

1976년의 찬 여름이나 긴 장마도 이 때문에 일어났다. 북극으로부터의 한기단은 극동, 북아메리카, 우랄산맥 세 지역에 흘렀고, 이들 사이에 낀 지방은 반대로 남으로부터의 난기단이 북으로 흘러들었으므로 서부 유럽의 영국이나 프랑스에서는 이상 고온을 만났다.

1977년 겨울에는 한기단이 북아메리카 오대호, 우랄지방~북부 유럽, 극동 북부에 흘러 이상 한동이 되었다. 시카고나 콜럼버스는 평년보다 약 10℃나 저온이었는데, 더 북쪽에 있는 알래스카나 시베리아 동부에는 눈이 아닌 비가 내리는 등 평년에 비해 약 11℃나 고온이 된 이상 기상이었다.

그럼 이러한 이상 기온을 초래하는 삼파장형은 대체 어떤 때에 일어나는가, 그에 대해서도 여러 가지 학설이 있는데, 일설에 의하면 기후가 크게 변동되는 때이기에 나타난다고 한다. 지금까지 계속된 온난기에서 한랭기로 크게 변동하는 과도기에 이런 형태의 기상이 일시적으로 나타났다가는 이윽고 가라앉는다는 것이다.

만일 그렇다면 과거의 기상 자료로 봐서 최근의 이상 기상은 가까운 장래에 보다 한랭한 시기가 내습하는 전조로 받아들일 수 있다. 최근 겨울의 기압 배치가 지금부터 2만 년 전에 지구를 휩쓴 대빙하시대의 기압 배치와 아주 닮았다 해서 영국의 유명한 기상학자 람 박사 등은 벌써 한랭기에 들어갔다고 지적했다. 즉 최근 우리 주변에서 일어나고 있는 이상 한랭은 아무래도 일시적인 현상이 아니고, 이른바 소빙하기가 내습했다고 생각된다는 것이다. 그리고 미국 위스콘신대학의 고기후(古氣候)학자 그라입슨 교수는 이 한랭기는 1960년경부터 금세기 말까지 약 40년간 계속되며 한랭 기후의 정점은 1970년 후반부터 80년대까지 계속된다고 결론지었다.

만일 이 결론이 옳다면 이러한 이상 한파, 이상 저온이 세계적인 규모로 일어나고 있는 이상 그 영향은 인류의 생존에 관련되는 중대한 문제이므로 석유 파동 따위는 문제가 아니다. 그것은 제1급 환경 위해임을 우리는 잊어서는 안 된다.

역사를 바꾼 소빙하기의 내습

이러한 한랭 기후는 실은 최근에 일어난 현상이 아니고 오래전부터 몇 번이나 내습했다.

일본 근세사에서 유명한 덴메이(天明) 대기근(1780년대)과 덴포(天保) 대기근(1830년대)은 일부 지방에서만 일어난 이상 기상이 아니었다.

일본 이시카와(石川)현에 남아 있는 일기(에도시대의 鶴村日記)에 의하면 가나자와 일대에 내린 눈은 드물게 많은 적설량을 보였고, 그즈음 일어난 한랭 기후 영향 때문이었다. 때를 같이하여 오사카(大阪) 요도가와(淀川)가 얼어붙어 강을 오르내리던 당시의 30석 배가 운행하지 못하여 식량이 부족해 얼음 위를 왕래하던 사람 가운데서 얇은 얼음에 빠져 죽은 사람까지 나왔다. 그해 기근이 들어 먹을 식량이 없어 사람 고기까지 먹었다. 도호쿠 지방의 어느 한촌에 남은 기록에는 "어느 집에서 늙은이가 죽자 이웃집 젊은이가 그 늙은이 한쪽 다리를 얻으러 왔다. 그 보답으로 죽을 때가 가까운 자기 아버지가 죽으면 그 한 다리를 내겠다고 약조했다"라고 적혀 있었다. 당시의 이상 한랭과 기근이 얼마나 가혹했는가를 말해준다. 그러나 당시의 연평균 기온은 평년보다 2℃가 저하했을 뿐이었고, 1977년 겨울의 기온 저하와 거의 같았다.

이러한 이상 저온은 일본만의 현상은 아니었다. 나폴레옹은 러시아로 원정을 떠나 모스크바 공격을 앞두고 큰 눈과 추위에 시달려 패배를 맛보았다. 나폴레옹의 운명뿐만 아니라 그 후 세계 역사도 이상 기상이 바꾼 셈이다.

최근 700년간의 기후 변화를 유럽의 예로 보자. 첫 번째 한랭기는

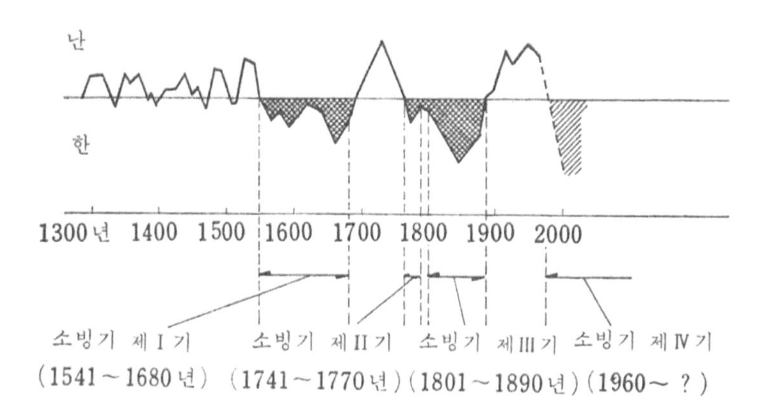

그림 3-5 | 북부 유럽에서 겨울의 기온 변동(이스튼 외)

1541~1680년까지 약 140년간 계속했고 제1 소빙기라 불렸다. 두 번째는 1741~1770년의 약 30년간, 세 번째는 1801~1890년의 약 90년간으로 전후 세 번이나 한랭 기후가 지구를 휩쓸었다. 이들 한랭기에는 기온이 평년보다 2℃ 내려갔다. 앞에서 얘기한 것처럼 1960년경부터 일어난 기온 저하도 2℃ 정도이므로 많은 고기후학자는 최근의 이상 한랭, 이상 저온을 제4 소빙기라 부른다. 이를테면 고기후학에서는 연평균 기온이 평년보다도 2℃ 저하했을 때를 소빙기라고 부르고, 약 6~8℃나 저하하면 대빙기라 부른다.

일본 기상청의 예보관 회의에서 1977년 겨울 기후는 이상 한랭이었다고 결론짓고, 금세기 말까지 이러한 이상한 추위가 빈번히 나타날 것이므로 소빙기에 들어섰다는 의견이 대세를 차지했고, 기후도 큰 전환기에 들어섰다고 인정했다.

인류시대 200만 년간 6회나 일어났던 대빙기

연평균 기온이 6~8℃ 이상이나 저하하는 대빙기는 긴 지질시대 동안에 몇 번 일어났다. 주요한 것만 들어도 약 6억 년 이상 전인 선캄브리아시대, 약 2억 년 전의 고생대 말, 그리고 인류 탄생 후의 제4기에 지구를 휩쓸었다. 인류시대 200만 년 동안에도 전후 6회의 대빙기가 일어났다. 약 2만 년 전 제4기 최후의 대빙기에는 약 5,000년 동안이나 한랭 기후가 계속되었고, 그렇게 번영하던 매머드 코끼리도 이때 완전히 지상에서 모습이 사라졌다. 당시 긴키(近畿) 지방의 기후는 현재의 삿포로(札幌) 정도였고 식물 경관도 지금과는 상당히 달랐다. 상록활엽수는 전혀 없었고, 가문비나무의 원시림이 잇따르고 그 사이에 느릅나무, 자작나무 등이 섞인 비교적 단순한 삼림이었다고 추정된다.

비와(琵琶)호 바닥에서 보링하여 얻은 약 200m 길이의 호성 퇴적물 연구에 의하면 과거 60만 년간에 약 10회의 한랭기와 몇 번의 온난기, 10여 회의 온화기가 있었음이 알려졌다. 이 데이터에 의하면 인류 탄생 이래 200만 년간은 대빙기와 그 사이의 온난한 간빙기의 반복이었다. 2~4만 년의 주기로 찾아오는 대한랭기의 추위와 굶주림을 이기기 위해 우리 조상은 얼마나 고생했을까.

대빙기는 닥친다

이렇게 과거에 일어난 기후 변화의 패턴을 보면 한랭 기후가 되풀이하여 지구를 휩쓸었다. 한랭한 대빙기는 2~4만 년 주기로 찾아왔다. 그리고 최후의 대빙기는 지금부터 1.7만 년 전에 끝났고, 최후의 온난기는 벌써 5,000년 전에 지나갔다. 따라서 대국적으로 지구의 기후 변화를 알아보면 현재의 지구는 틀림없이 한랭기로 들어섰고 대빙기는 이윽고 반드시 다가온다고 해도 되겠다.

이러한 상황 아래 1972년 미국의 브라운대학에서 열린 기후학에 관한 국제회의나 1975년 8월 영국의 노리치에서 열린 UN 세계기상기구 주최 '최근의 기상 이상'에 관한 회의에서 내려진 결론에 의하면 지금부터 2,000~3,000년 후에는 인류가 역사시대에서 일찍 경험하지 못했던 한랭기(대빙기)가 내습한다는 것이다.

인류가 살아남기 위한 방책을—내일이면 늦으리!

이들 국제회의 석상에서는 빙기가 가까운 장래에 다가온다고 단순히 결론을 내린 것은 아니었다. 확실하게 다가올 빙기에 대응하기 위해, 한정된 지구 자원을 이용하여 인류가 미래를 어떻게 살아가야 하는가 논의가 오갔다. 특히 지구상에서 일어나는 기후의 한랭화는 식량을 확보하는 데 있어 인류에게 제1급 환경 위해이다. 과거의 비참한 기록을 들 필요도 없겠다.

현재 아시아 인구는 세계 인구의 2분의 1을 차지한다. 그런데도 식량 생산고는 세계 생산고의 4분의 1밖에 안 된다. 그러므로 아시아는 반은

그림 3-6 | 지금도 굶주림에 시달리는 개발도상국 사람들. 빙기가 닥친다는 것은 인류가 초대형 기근을 만난다는 것을 뜻한다.

굶주린 상태이다. 아프리카는 인구가 세계 인구의 12%에 달하는데 식량은 9%밖에 마련 못 한다. GNP 세계 3위의 일본조차 식량자급률은 75%밖에 못 된다.

금세기 말에 인구의 폭발적 증가와 한랭 기후가 중복될 것이므로 식량 위기는 헤아릴 수 없을 것이다. 현재 세계 인구는 40억이다. 20년 후 서기 2000년에는 65억이 된다고 한다.

UN 세계기상기구의 보고에 의하면 현재도 영양실조 때문에 9초에 1명, 하루에 약 9,000여 명이, 주로 개발도상국에서 사망한다는 현실을 우리는 깊이 생각해야 한다.

2만 년 전에 일어난 대빙기에는 지상에는 국가가 없었고, 따라서 국경이 없었기 때문에 빙기에는 따뜻한 토지로 자유롭게 이동했다. 그러나 오늘날에는 나라가 있고, 정치 문제가 얽혀 민족 이동은 말할 것도 없고 농작물의 수출입도 그리 간단하지 않다. 한랭 기후로 인한 식량 부족은 나라에 따라 양상이 다르기 때문에 이데올로기를 넘어 인류의 예지를 모아 진지하게 처리되어야 할 것이다. 그리고 그 시기는 내일은 늦을 것이다. 빙하기는 벌써 시작되었다.

과거의 기후를 어떻게 조사하는가?

과거의 기후를 알아내는 수단

4~5년 전 기후는 어떠했는가 하는 극히 최근의 기후의 양상은 우리 기억에 새롭고 그것을 다시 되새겨 금년보다 추웠다든가, 더웠다든가 하고 화제에 올릴 수 있다. 그러나 특별한 이상 기상을 제외하고는 우리가 어릴 적 일은 그렇게 정확하게 기억하지 못한다. 하물며 태어나기 전의 옛날 일이라면 사람들의 기억만으로는 별수 없다. 우리가 태어나기 전이나 더 오래된 시대의 기후는 대체 복원할 수 있는가, 만일 할 수 있다면 어떻게 복원시키는가.

과거의 기후 변화를 조사하는 데는 대략 다음과 같은 방법이 있다.

(1) 기상 관측 자료
(2) 고문서
(3) 고토양
(4) 빙하성 퇴적물과 지형
(5) 해안단구
(6) 식물 화석
(7) 동물 화석
(8) 산소의 동위원소
(9) 방해석과 선석
(10) 천문학 이론

물론 이들 모든 방법이 과거의 어느 지질시대에나 적용되지는 않는다.

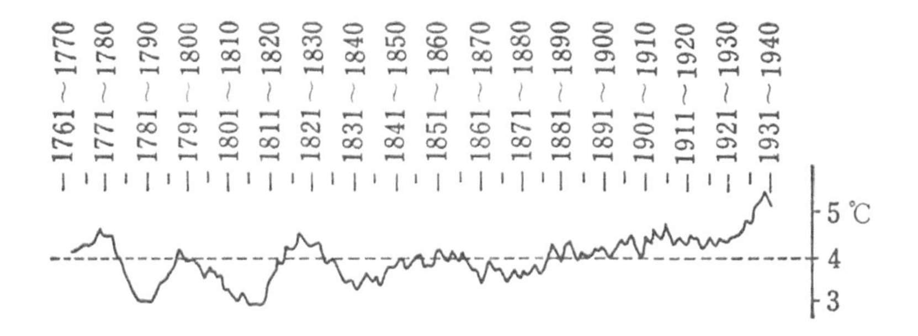

그림 3-7 | 1761~1940년간 레닌그라드에서의 연평균 기온의 변동(成痛 洋, 1972).

기상관측은 최근에 시작되었다

일본에서 근대적 기상관측이 시작된 것은 약 100년 전부터였다. 따라서 이들 자료를 조사해 보면 100년 동안의 기후 상태는 알 수 있다. 한국에서는 200년 전부터 강우량, 우천일수, 태양흑점 수 등이 서울 등지에서 관측되어 왔다. 구소련의 레닌그라드에도 1760년대부터 기온 변화를 관측한 기록이 남아 있다. 그러나 이런 근대적, 과학적 관측이 어디서나 실시된 것이 아니고 아무리 멀리 거슬러 올라가도 겨우 수백 년 전까지다.

고문서에서 본 기후 변동

기상관측이 시작되기 훨씬 옛날의 기후는 두 번째 방법—고문서에 의한 방법에 의존해야 한다. 예를 들면 일본 스와(諏訪)호에서 일어나는 오미와타리(御神渡り; 호수가 얼어붙음으로써 얼음이 솟아오르는 현상)에

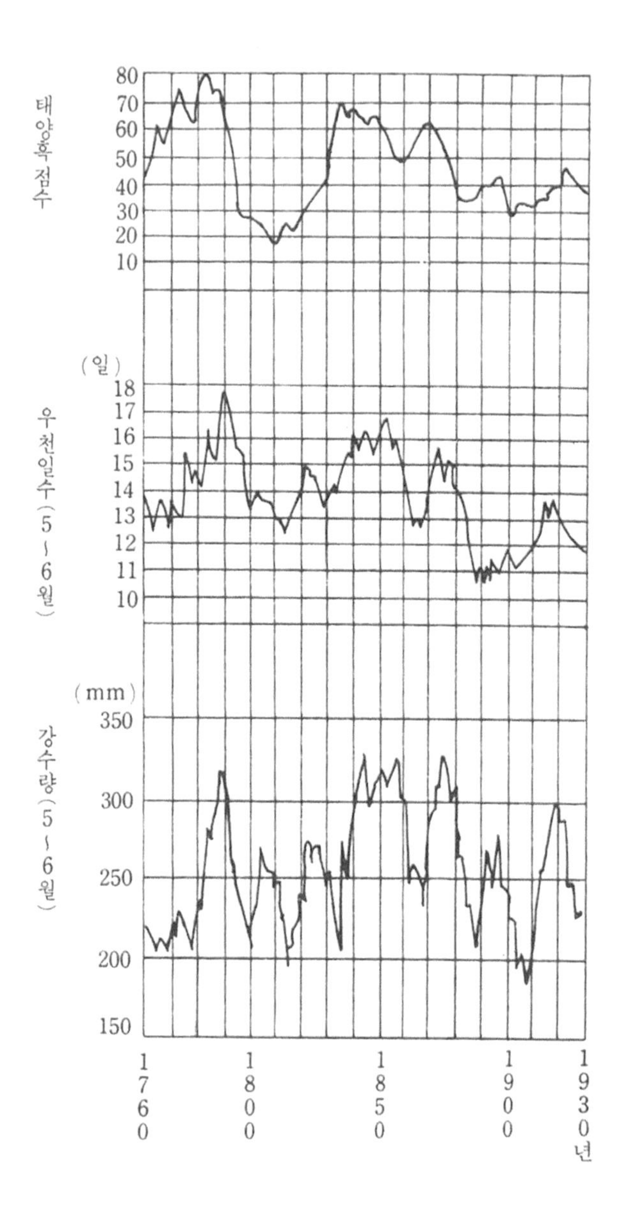

그림 3-8 | 서울에서 1760~1930년 동안의 태양흑점수,우천일수, 강수량 변화(成瀨, 1972).

그림 3-9 | 스와호의 빙결 융기

관해 500년에 걸친 기록이 부근의 사원에 남아 있는데 후지와라(藤原咲平) 박사가 조사한 결과 스와호 부근의 엄한기의 내습과 추위에 해마다 차이가 있었음이 보고되었다.

또 헤이안(平安, 794~1192년) 시대 당상관 귀족들이 일기에 기후를 기록했으므로 당시 기후를 판단하는 실마리가 되기도 한다. 후세에 와서 무로마치(室町, 1392~1573년)시대에는 쇼군(将軍; 무사, 집권자의 호칭)이 벚꽃놀이를 개최했다. 그 개최일이 해에 따라 늦거나 빨라졌다. 그래서 그 날짜를 조사하면 봄의 기후를 추측할 수 있다. 다구치(田口龍雄) 씨는 교토(京都)에서 개최된 꽃놀이 잔칫날을 12세기라는 장기간에 걸쳐

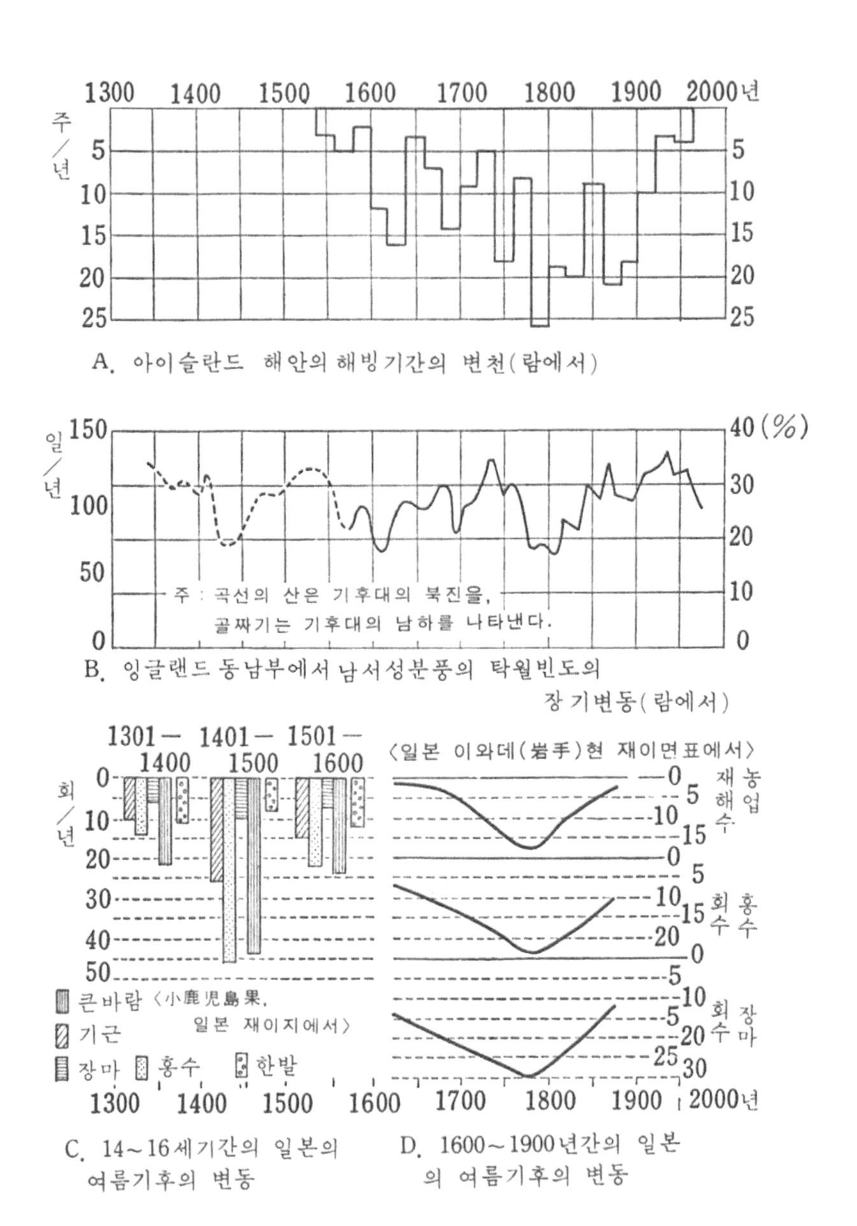

그림 3-10 | 세계 기후의 소빙기와 일본의 여름 기후

조사하여 봄이 시대에 따라 늦게도 빨리도 찾아왔다고 결론지었다.

또 냉해, 한발, 풍수해 등 기후 변화에 직접 영향을 받는 것은 농업이다. 봉건사회에서의 농작물 피해는 당시 사람들에게는 제1급 위해였다. 그 때문에 이농인구의 증가, 물가의 앙등, 도시 소요, 농민반란 등 사회문제가 많이 발생했으므로 그런 기록에 의거하여 거꾸로 각 시대의 기후 변동을 추리할 수 있다. 이런 고문서는 한 나라뿐만 아니라 세계적으로 연결시키면 당연히 세계적인 기후 변동 상황을 알 수 있다.

화재 몇 가지를 소개하겠다. 일본 에도시대 1813년 겨울 오사카의 강이 얼어붙어 교토와 오사카를 잇는 요도가와를 운행하던 30석 배가 뱃길

이 묶였고, 얼음을 밟고 사람들이 강을 건너갔는데 엷은 얼음이 깨져 많은 익사자가 났다는 얘기는 앞에서도 했다. 같은 무렵 에도에서도 료고쿠가와(兩國川)가 얼어붙었고(武江年表에 의하면), 또 돗토리(鳥取)에서도 여섯 자나 눈이 쌓이고 산인(山陰) 지방에서는 바다가 얼어붙었다. 서로 아무 관련이 없는 기록들이 일치된 기상변화를 전해 준다. 당시 멀리 떨어진 아이슬란드 해안은 해빙으로 항구가 20일 이상이나 봉쇄되었고, 베를린의 월평균 기온은 평년보다 2.5~8℃나 내려갔다. 그리고 세계 제패의 꿈을 가슴에 품고 이웃 여러 나라는 말할 것도 없이 멀리 모스크바로 원정을 간 저 나폴레옹 1세가 크게 패배한 것도 이 해 겨울이었다. 참으로, 한랭 기후는 세계의 역사를 바꿨다.

그러나 지금까지 얘기해 온 방법은 역사시대, 즉 문자가 있던 시대만이며, 문자가 없었던 더 오랜 시대의 기후는 자연과학적 방법에 의존해야 한다.

토양이 말해 주는 고기후(古氣候)

극히 최근에 일어난 사건이지만 필자가 강의하는 대학에서 과거의 기후를 아는 데는 토양을 이용한다고 얘기했더니 많은 학생이 이상하게 생각했다. 그러나 생각해 보면 필자가 젊었을 무렵과 비교하면 지금은 흙에 접하는 기회가 대단히 적기 때문에 그럴 수밖에 없겠다. 거리에는 아스팔트와 콘크리트가 깔려 있고 하루의 대부분을 콘크리트 속에서 생활한다.

모처럼 땅이 있어도 잔디가 깔리고 자연을 즐긴다 해도 눈길 닿는 데까지 인공적인 환경뿐이다. 흙과 친하다 해도 1년에 몇 번 바다나 산으로 놀러 가는 것이 고작인 상태다.

토양은 암석이 풍화를 받아 단순히 세립화(細粒化)한 것이 아니다. 흙은 그 장소의 최근 지표환경에서 생긴 종합적 소산이다. 따라서 화석을 통하여 먼 과거의 환경을 알 수 있는 것과 마찬가지로 토양을 보면 지나온 태고시대의 지표환경이 추측된다. 토양의 종류와 그 분포를 세계적으로 보면 기후대나 식물대와 거의 부합된다. 즉 극지에 분포하는 툰드라 토양, 한랭습윤대의 포드졸성 토양, 낙엽활엽수림대에서 전형적으로 생성되는 갈색삼림토, 갈색삼림토대 북쪽에 발달하는 준갈색토, 건조한 여름과 습한 겨울 기후에서 생성되는 지중해 적갈색토, 대륙성기후의 스텝에 분포하는 체르노젬, 아열대 상록활엽수림의 적황색토, 열대-아열대의 고온습윤한 기후에서 생기는 라테라이트(홍토), 화산회토, 열대흑색토 등이 있다. 이렇게 세계 각지에 갖가지 종류의 토양이 분포한다.

일본의 토양에 대해서는 홋카이도 북단의 포드졸성토, 홋카이도~북부

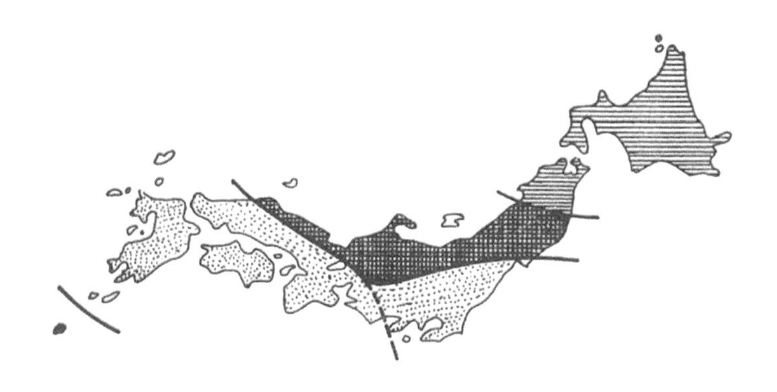

▤ : 포드졸성 갈색삼림토 분포지역
▦ : 산성(염기미포화) 갈색삼림토 분포지대
▒ : 황갈색 삼림토(갈색삼림토와 적, 황색토의 중간형)
분포지대, 점선보다 서쪽에는(고)적, 황색토가 많이 분포한다.
■ : 진짜(현재 생성된) 적, 황색토 분포지대(류큐열도)

그림 3-11 | 일본의 성대성 토양의 분포 지역(松井 健).

도호쿠 지방의 포드졸성 갈색삼림토, 동해 연안의 야마가타(山形)~산인의 산성 갈색삼림토, 관동 지방~시코쿠(四國)~규슈의 황갈색 삼림토, 그리고 류큐(流球) 열도의 적, 황색토로 나눠진다. 이상과 같은 현재의 기후와 토양과의 상호관계가 알려져 있으므로 고토양은 층준(層準)의 기준층이나 연대 지시자로서 쓸모 있을 뿐만 아니라 고기후를 지시하는 데도 유효하다.

일본의 경우 고적색토는 관동의 시모스에요시(下末吉) 위의 중위단구(中位段丘)보다도 오래된 지형 면 위에 전형적으로 분포한다. 관동의 다마(多摩)시와 대비되는 고위단구상에 분포하는 경우에는 이른바 사슬역층(礫層)을 수반하는 일이 많다. 이러한 고적색 토양은 앞에서 얘기한 것같이 적색토가 온난한 기후하에서 생성되는 것을 생각하면, 이들 지형 면의 적색토가 형성된 시기의 기후가 아열대성의 온난한 기후였다고 추정할 수 있다. 아무 특징이 없는 것같이 보이는 흙이 수만 년 전, 수십만 년 전의 기후를 말해 준다니 정말 불가사의하기까지 하다.

빙하 유적에서 보는 과거의 한랭 기후

하쿠산(白山)이나 다테야마(立山) 같은 3,000m급의 고산에 오르면 기슭에서 정상에 가까워짐에 따라 각각 높이에 따라 식물의 종류가 변해 간다. 이 산들은 7월이라도 눈이 널리 남아 있다.

일본에 있는 산은 높아도 4,000m 이하이므로 현재는 완전한 의미의 만년설은 없지만 미국의 로키산맥이나 유럽의 알프스, 또는 스칸디나비아반도에는 장소에 따라 높이에 차이는 있지만 만년설이 남아 있다. 이렇게 여름이라도 적설이 남은 장소의 하한을 연결한 선을 설선(雪線)이라 부른다. 현재 만년설이 남은 곳에서는 설선을 정하기 쉽지만, 옛날 만년설이 현재도 그대로 남아 있지도 않고 설사 남아 있어도 그 연대를 정하거나 만년설의 하한을 정하기 어렵기 때문에 과거의 설선을 정하는 것은 대단히 어렵다. 옛날 설선을 정하는 데는 빙하가 운반한 빙퇴석(氷堆石)이나 빙하 지형, 또는 화석을 이용하여 정한다.

먼저 빙하 지형에 대하여 얘기하겠다. 만년설이 쌓이다가 일정량에 달하면 차츰 하류로 향하여 흐르기 시작한다. 이것이 빙하이다. 이 빙하의 원류를 카르(kar) 또는 권곡(圈谷)이라 한다.

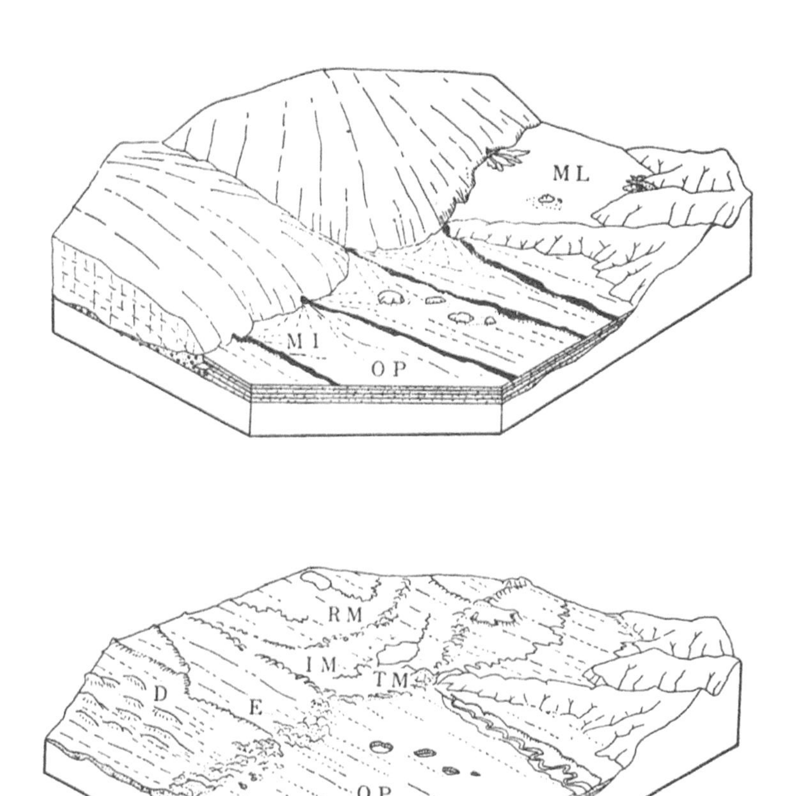

그림 3-12 | 빙상 지역의 지형(스톨러, 1951). MI: 융빙수류, ML: 외연호, OP: 외연퇴적원, TM: 종퇴석, IM: 거합퇴석, RM: 후퇴적석, D: 드럼린(빙퇴석으로 구성된 반추구상의 원구), E: 에스커(빙상 아래의 융빙 유수 퇴적물로 된 제방상의 지형).

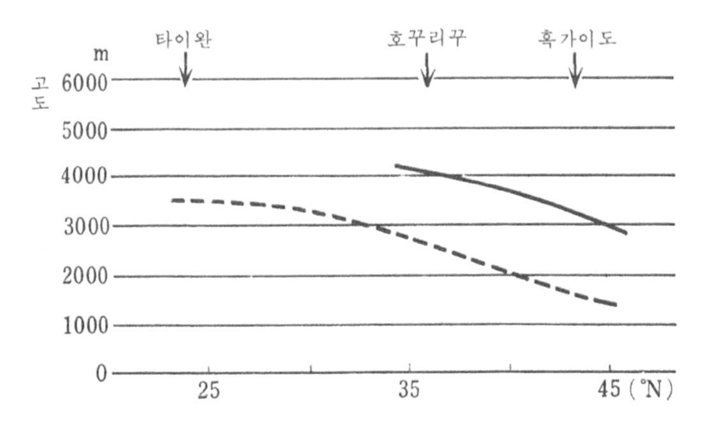

그림 3-13 | 현재의 설선 고도(실선), 뷔름 빙기의 설선 고도(파단선) (小林國夫, 1962).

권곡이란 고대 로마의 반원극장을 닮은 사발 모양으로 오므라든 지형인데, 사발 모양에서 반은 떨어져 나가 바닥이 골짜기처럼 열린 지형이다. 권곡 지형이 남은 곳은 옛날에 만년설이 쌓였다가 빙하의 원류가 된 곳이다. 거기서 흘러내린 빙하는 흐르는 도중 암반을 깎거나 토사를 뒤섞으며 하류로 흘러내렸다.

당시의 설선 이하로 내려가면 빙하는 녹고 거기에 빙하 운반물을 퇴적시킨다. 이것이 빙퇴석이다. 따라서 빙퇴석이 있거나 없는가에 의해 당시의 설선을 추리할 수 있다. 빙하 운반물은 하천 운반물과 달라 자갈, 모래, 진흙이 뒤섞인다. 하천 운반물은 상류일수록 퇴적물의 알맹이의 지름이 크고, 하류에서는 작다는 크기로서 일련의 변화 계열이 인정되므로 야외에서 빙하 운반물과 하천 운반물을 구별하기 쉽다.

일본 다테야마에 있는 야마자키(山崎) 권곡은 일본 빙하 연구의 발상지이다. 1905년에 당시 도쿄대학 교수였던 야마자키(山崎直方) 박사가 발견했다. 이 권곡은 최후의 빙기(뷔름 빙기의 말기, 약 2만 년 전)에 생긴 지형이라고 한다. 거기서 흘러내린 빙하는 2,500~2,700m 수준에 빙퇴석을 몇 줄 남겼다. 따라서 당시의 다테야마의 설선은 대략 2,700m 선에 있었다고 알 수 있다.

현재 다테야마 산정 부근에서의 설선은 약 4,200m이므로 야마자키 권곡이 형성된 당시와 비교하면 약 1,500m나 높은 곳에 현재의 설선이 있다. 기온은 지상에서 상공으로 올라감에 따라 차츰 낮아진다. 일본에서는 약 200m 상승할 때마다 기온이 약 1℃씩 저하한다고 한다. 그러므로 야마자키 권곡이 형성된 시대에는 지금보다 7.5℃나 저온이었다고 하겠다. 이러한 설선 강하는 다름 아닌 이 지방만이 한랭 기후였기 때문이 아니고 일본 각지가 동시에 한랭했음을 의미한다는 것은 말할 필요도 없다.

이 결과는 일본 각지에 남은 여러 자료로부터 얻은 추정과 모순되지 않는다. 2만 년의 호쿠리쿠의 기후와 식생은 현재의 홋카이도 오비히로(帯広)~삿포로 같았다고 추정된다. 이러한 수법을 각 시대에 적용함으로써 각 시대의 설선 수준이 밝혀져 나아가서 기후가 추정된다고 하겠다.

해안단구는 말한다

일본은 사면이 바다에 둘러싸인 해양국이다. 해안 근처에는 옛날 해저가 솟아오른 단구지형—해안단구(海岸段丘)가 현재의 해안과 거의 평

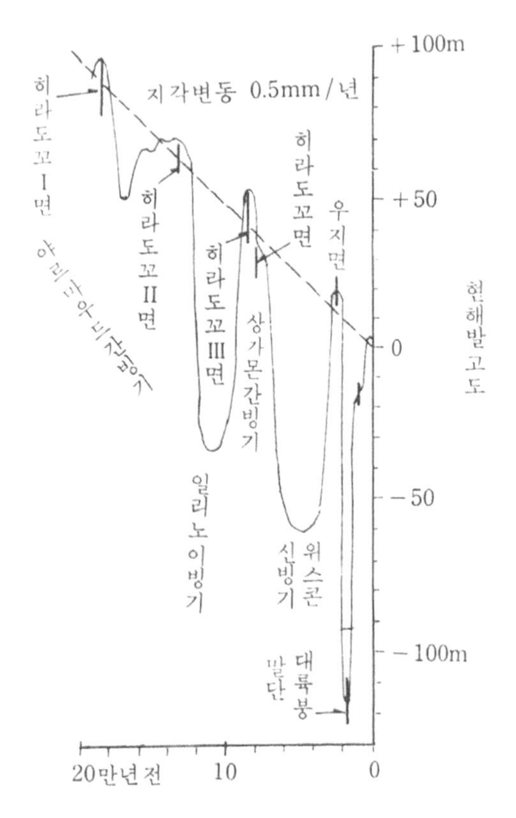

그림 3-14 | 일본 노토(能登)반도에서 해안단구의 고도(굵은 실선)와 지각변동(파선) 및 해수면 변화(가는 실선)의 관계를 나타내는 그림(藤, 1976).

행하게 분포한다. 원래 해안이었던 곳이 무슨 이유와 경과를 거쳐 육지가 되었을까.

해안단구의 생성에 관해서는 현재 두 가지 학설이 있다. 하나는 해저지반이 융기함으로써 형성된다는 설이 있고, 다른 하나는 해수면이 저하하여 해저가 육지로 된다는 학설이다. 나중 학설은 해수면이 빙하의 증감

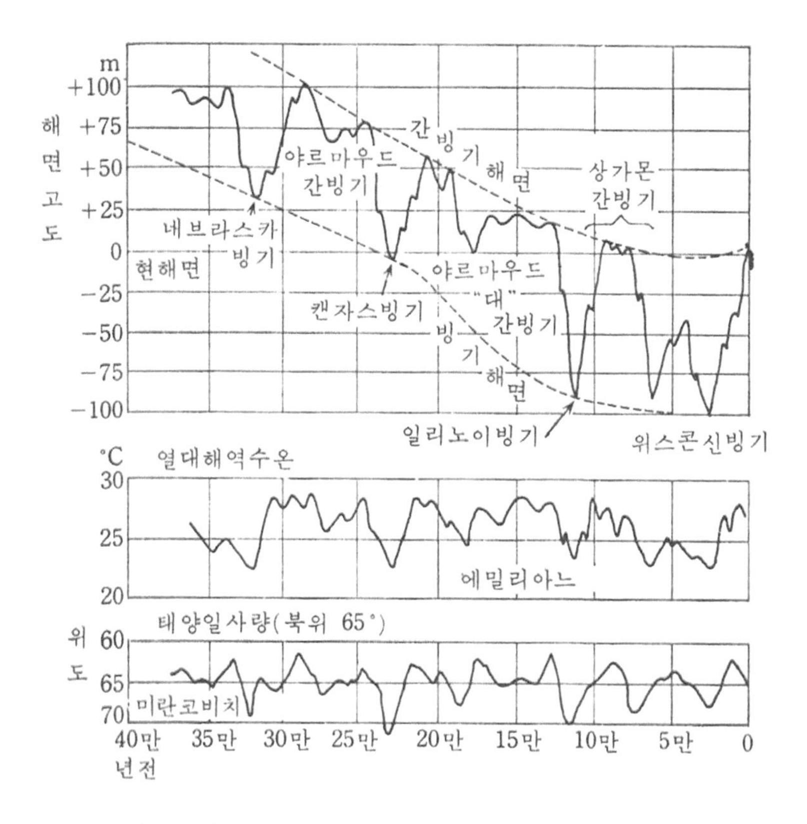

그림 3-15 | 해면 고도, 고수온, 태양 일사량 변화도(페브리지, 1960).

에 따라 강하하기도 하고 상승하기도 한다는, 이른바 빙하제약설(氷河制約說)이다. 즉 한랭기가 되자 빙하나 빙상의 규모가 커져서 다량의 강수가 얼음으로 고정된다. 그 때문에 강수가 바다로 환원되지 않으므로 해수량이 감소하여 해수면이 추위의 정도와 경과시간의 길이에 비례하여 저하한다. 그 때문에 그때까지 해저였던 곳이 육지가 된다는 것이다.

빙하제약설에 의하여 해안단구가 육지화하는 경우 기본이 되는 것은 온난기에 형성된 단구는 한랭기에 형성된 단구보다 높은 곳에 분포한다는 것이다. 지반이 융기한 것만으로 해안단구가 형성되었다고 하면 한랭기에 형성된 단구와 온난기에 형성된 단구가 뒤섞여 분포할 것이다. 오랜 시대에 형성된 단구일수록 지반 변동을 오래 받았으므로 보다 높은 수준에 분포하고, 새로운 시대의 단구일수록 낮은 곳에 분포한다는 이론이 된다.

그러나 실제로 우리가 관찰하는 해안단구는 대부분 온난한 간빙기에 형성된 단구여서 한랭한 빙하기에 생긴 해안단구는 극히 적고 그것도 오랜 시대에 생긴 단구뿐이다. 오랜 빙하시대에 형성된 해안단구가 많이 형성된 곳은 긴 시대가 경과한 결과 지반 상승의 영향을 보다 많이 받았다는 것이다. 이상과 같은 이유로 오늘날 우리가 관찰할 수 있는 대부분의 해안단구는 온난기에 형성된 것이므로 그 단구의 지질시대를 알게 되면 각 시대의 기후가 추정된다.

스칸디나비아반도에는, 한랭기에 빙상 밑에 묻혔던 지반이 빙상이 후퇴함으로써 지각평형설(아이소스타시; isostacy)에 의해 상승한 곳이 있는데, 세계적으로 보면 이런 방식으로 형성된 단구는 스칸디나비아반도와 캐나다 북동부에 한정된다.

화석으로 기후를 살핀다

과거의 환경을 알 수 있는 가장 전통적인 방법은 화석을 조사하는 것이다. 화석으로 과거를 알아내는 학문(지질학, 고고학 등)에서 두 가지 방

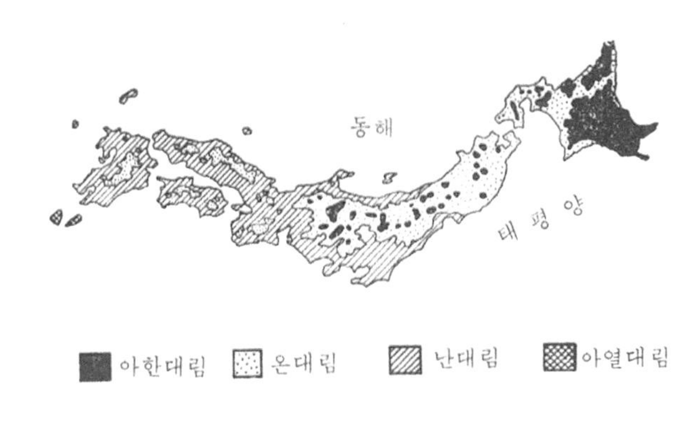

그림 3-16 | 일본 열도의 식생 분포도

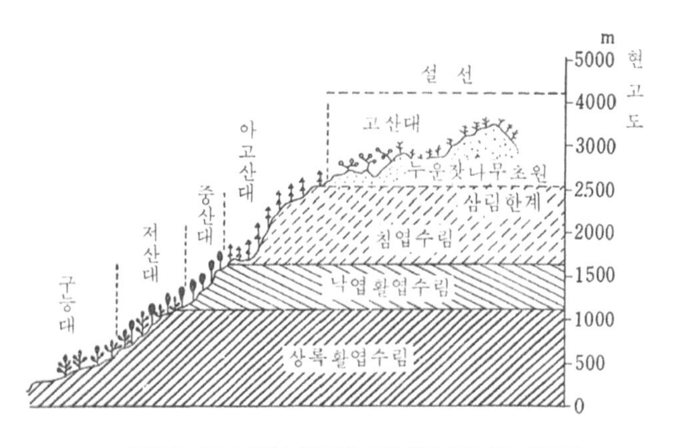

그림 3-17 | 중부 일본의 수직 식물 분포(藤, 1972)

식을 응용할 수 있다. 하나는 화석이 묻힌 지층의 시대를 알아내는 경우로, 이런 화석을 "시준화석(示準化石)"이라 한다. 또 하나는 화석을 이용하여 환경을 예상할 수 있는데, 이런 화석을 "시상화석(示相化石)"이라 한다. 즉 고생물이 가진 "시상화석"의 측면을 이용하여 고기후를 판단한다.

인류시대라고 하는 제4기에는 일부 생물을 제외하고는 초반부터 현재까지 절멸하지 않고 살아남은 종속이 많다. 따라서 현생 종과 속의 생태를 알고 있으므로 제4기 지층에서 출토하는 화석을 조사하면 제4기 기후가 다른 지질시대보다 용이하게 추정된다.

화석에는 여러 가지 종류가 있는데 고기후를 추정하는 데 잘 이용되는 화석은 식물 화석과 해저 무척추동물 화석이다. 식물 화석은 과거 기후, 특히 육상 기후를 추정하는 데는 가장 유효하다. 식물은 기후대를 따라 분포한다. 식물은 기후의 영향을 강하게 받기 때문이다. 따라서 과거의 기후를 추정하는 데는 먼저 지층 속에서 발견되는 식물 화석이 어떤 식물인가를 결정해야 한다. 식물의 이름을 알게 되면 그 식물의 현재 분

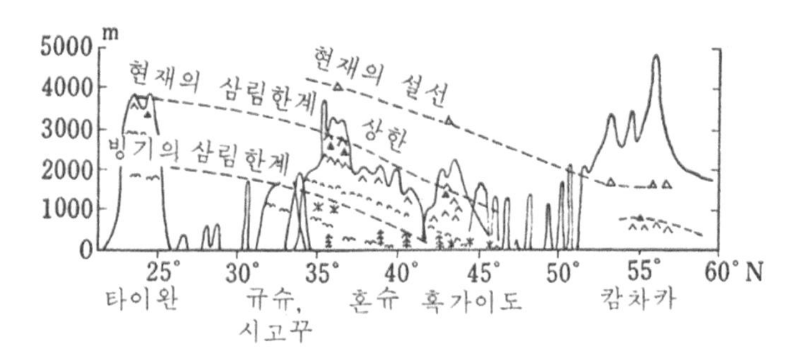

그림 3-18 | 최종 빙기(뷔름 빙기, 약 2만 년 전)와 현재의 여러 현상의 수직 분포 (貝塚, 1969).

포, 즉 기후대와의 관계를 알 수 있으므로 식물 화석을 포함하는 지층의 퇴적 시 기후를 추정할 수 있다는 것이다.

식물 화석은 식물의 모든 기관이 다 갖추어져 출토되는 일이 거의 없다. 씨, 과실, 엽편, 수간(樹幹), 꽃가루, 홀씨 등이 아주 따로따로 나온다. 따라서 한마디로 식물 화석이라 해도 그 이름을 밝히는 것이 쉽지 않다.

나이테 기후법

과거의 기후를 추정하는데 씨나 엽편 화석을 이용하는 방법은 앞에서 얘기한 순서로 한다. 여기서는 수간을 이용하는 재미있는 기후 추정 방법을 얘기하겠다. 수간의 식물명을 알면 그 나름대로 기후를 알 수 있는데 또 다른 방법이 있다.

타이완(台灣)의 중앙부에 솟은 아리산(阿里山, 2,676m)에 있는 수령

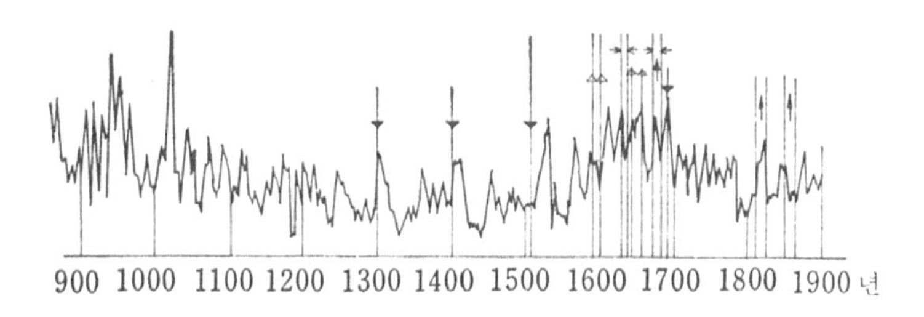

그림 3-19 | 타이완 아리산의 노송나무 성장도와 알프스빙하의 소장을 나타내는 그래프(山本).

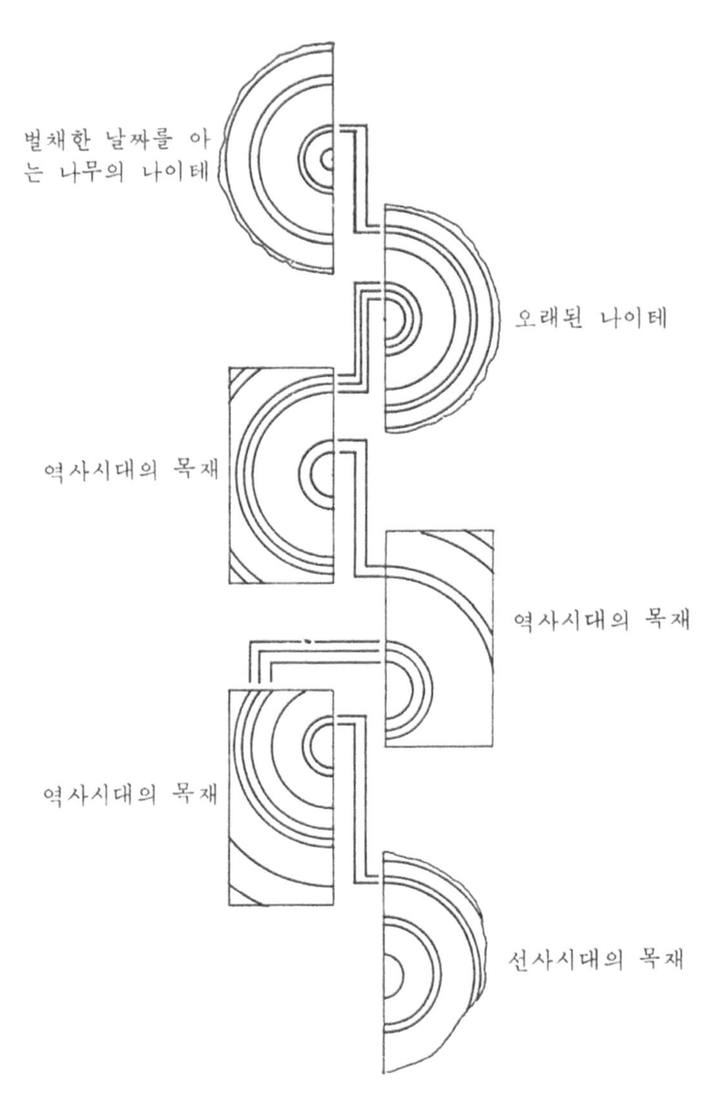

그림 3-20 | 나이테 연대 측정법. 벌채한 날짜를 아는 나무의 나이테로부터 선사시대의 목재까지 나이테 너비에 특징이 있는 것을 표적으로 연결해 간다(투오이너, 1970).

1,000년 넘는 노송나무에 대하여 서기 900~1,900년 해마다의 나이테 너비를 측정했다. 알다시피 나이테의 너비는 온난한 해는 넓고, 한랭한 해는 좁다. 따라서 나이테의 너비가 기온의 함수가 되는 곳에서는 나이테의 너비로부터 거꾸로 기후가 추정된다.

아리산의 노송나무에 대한 나이테 너비의 변화를 같은 시기의 알프스 빙하의 소장과 비교했다. 나이테와 서로 잘 일치되는 해는 전 지구적인 기후 변화가 반영되었다고 하겠다. 그러나 1,000년을 넘는 굵고 오래된 나무는 어디에나 있는 것이 아니므로 더 오래된 시대에는 이 나이테 수법은 쓸모없이 여겨진다.

그러나 세상에는 머리가 좋은 사람이 있기 마련이며 굵은 나무가 없는 경우에도 다음과 같은 방법으로 아득히 오랜 시대의 기후를 미국의 천문학자 더글러스 박사가 추정했다. 그의 전공은 기후학이 아니라 태양흑

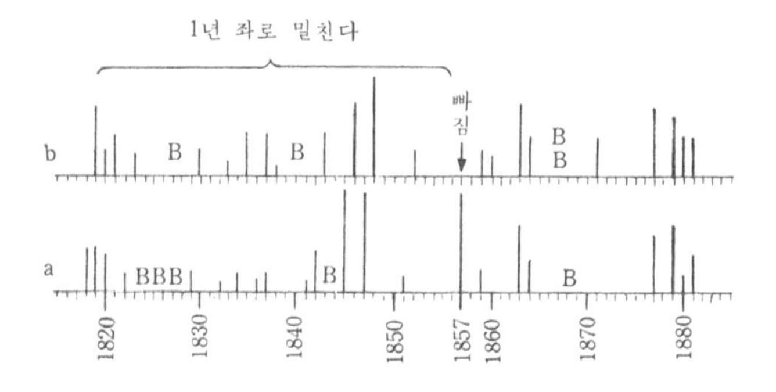

그림 3-21 | 나이테 연대 측정법의 개척자 더글러스가 사용한 나이테를 연결하는 방법. 세로선이 길수록 좁은 나이테임을 나타내고, B 표시는 넓은 나이테 너비를 나타낸다. b 목재는 1857년에 해당하는 나이테가 빠졌으므로 1년씩 좌로 밀치면 a 목재와 일치한다(투오이너, 1970).

점 활동의 주기성 연구였다. 흑점 활동이 지구의 기후 변동에 미치는 영향의 지표로서 나이테의 이용을 착안했다. 그리하여 약 20년 연구 후에 그는 자신의 나이테 연구가 천문학뿐만 아니라 제4기의 고기후학, 고고학, 연대 측정학, 고생물학 등에도 쓸모 있는 유효한 수법임을 알았다.

더글러스 박사는 미국 인디언이 남긴 건축물 유적에서 통나무와 목재를 수집했다. 한 통나무의 나이테 너비 변화와 다른 통나무의 나이테 너비 변화를 비교하여 서로 잘 닮은 부분을 겹침으로써 한 나무로만 추정한 것보다 장기간에 걸친 기후 변화를 추정했다. 이것을 조금씩 연장해 가다가 벌채한 해를 아는 나무의 나이테와 연결시켜 특정 기간의 기후 변화를 추정한 것이다.

더글러스 박사의 이러한 노력에 의해 미국에서는 현재 약 3,000년간의 나이테 캘린더가 작성되었다. 그러나 이러한 연구는 나이테 너비 변화가 기온에만 좌우되는 곳이 아니면 쓰지 못한다.

동물 화석법

다음에는 동물 화석을 이용하는 방법을 얘기하겠다. 대표적인 시상화석은 부유성 유공충이다. 이 화석은 수온 변화에 대해 민감하여 서식 수온에 따라 종류가 다르다. 따라서 이들 유공충의 종류를 알면 고수온도 알 수 있고 지표의 온난화와 한랭화가 심했던 인류시대 200만 년간의 고수온 변화도 알 수 있다.

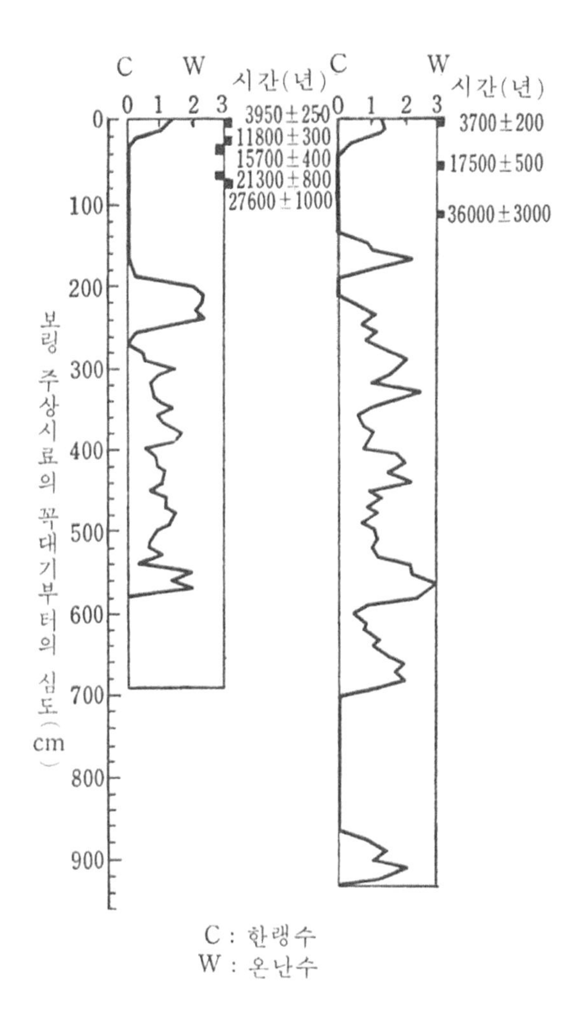

그림 3-22 | 카리브해에서 채집된 크기의 유공충(글로보로탈리아 메나르디아이)의 개체수의 변화. 곡선은 입자 지름 74μ. 이상의 퇴적물의 전 중량에 대한 글로보로탈리아 메나르디아이의 개체수 비율의 변화이다. 비율이 낮으면 수온은 보다 낮고, 크면 수온은 보다 높은 것을 나타낸다. 비율의 값은 코어 맨 위의 척도를 참조한다. 좌측 코어보다 우측 코어 쪽이 상대적 퇴적 속도가 빠르기 때문에 한랭기가 나타나는 심도는 엄밀하게는 일치하지 않는다. 코어 우측의 절대연대는 ¹⁴C법에 의한 것이다. 1~1.5만 년 전 이래 카리브해의 수온은 상승하고 있다(에릭슨 외, 1961).

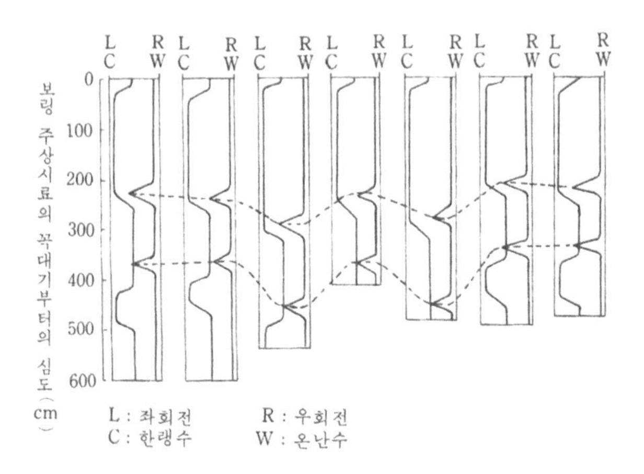

그림 3-23 | 북대서양 남부에서 채집된 7개의 코어. 유공충 군집의 조성으로부터 판정한 수온 변화 곡선(좌) 및 글로보로탈리아 토룬카툴리노이데스의 회전 방향의 변화 곡선(우). 각 코어를 연결하는 2개의 파선은 선회방향의 역전에 바탕을 둔 독립적인 대비선(에릭슨 외, 1964).

예를 들면 따뜻한 바다에 사는 글로보로탈리아 메나르디아이라는 부유성 유공충은 바다의 표층에 서식하며 수온에 대단히 민감하다. 대서양 북부의 심해저에서 얻은 주상시료(柱狀試料)에서는 이 유공충이 최상부(홀로세)에 많은데, 하층으로 갈수록 차츰 감소하여 어느 깊이의 지층에는 전혀 없다. 그러나 아래층으로 내려가면 다시 나타난다. 이러한 글로보로탈리아 메나르디아이의 출현 변화는 온난한 홀로세와 최종 빙기(미국의 위스콘신 빙기) 및 최후의 간빙기(미국의 상가몬 간빙기)에 이르는 일련의 기후 변화를 보여 준다.

고수온 변화를 조사하면 또 하나 놀랄 만한 일이 있다. 특정 유공충

종의 껍질 나선 방향이 수온 변화 때문에 역전하는 현상이 그것이다. 예를 들면 북극해에 서식하는 단 한 종의 부유성 유공충인 글로비게리나 파티데루마는 껍질이 좌회전이다. 그런데 다소 남쪽의 수역에서는 우회전으로 변한다. 글로보로탈리아 토룬가튤리노이데스에서도 같은 현상이 일어난다. 이 때문에 유공충 껍질의 선회 방향 역전과 층준을 세밀히 조사하면 고수온 변화를 통해 과거의 고기후 변화가 추측되기도 한다.

여기서는 소형동물에 관한 예를 들었는데 생활 장소가 조사된 대형동물, 예를 들면 악어와 큰뿔사슴 같은 동물 화석도 시상화석으로 고기후의 판정에 쓸모 있다.

산소의 동위원소를 이용한다

과거 기후의 추정에는 지구화학적 방법도 쓰인다. 그중에서 가장 믿을 만한 것이 산소 동위원소법이다. 동위원소란 원자 번호가 같고 원자량이 다른 원소를 말한다. 예를 들면 산소에는 ^{16}O, ^{17}O, ^{18}O 등의 동위원소가 있다. 자연계에는 이 세 가지 동위원소가 99.8%, 0.04%, 0.21%의 비율로 존재한다. 그런데 이 비율은 온도에 따라 아주 근소하지만 차이가 생긴다.

^{17}O의 양은 대단히 적으므로 제외하면, 수중의 이산화탄소(CO_2)는 ^{16}O와 ^{18}O가 1:500의 비율이다. 수중의 이산화탄소로부터 조개, 산호의 껍질과 골격의 주성분인 탄산칼슘($CaCO_3$)이 만들어질 때, 그때의 수온

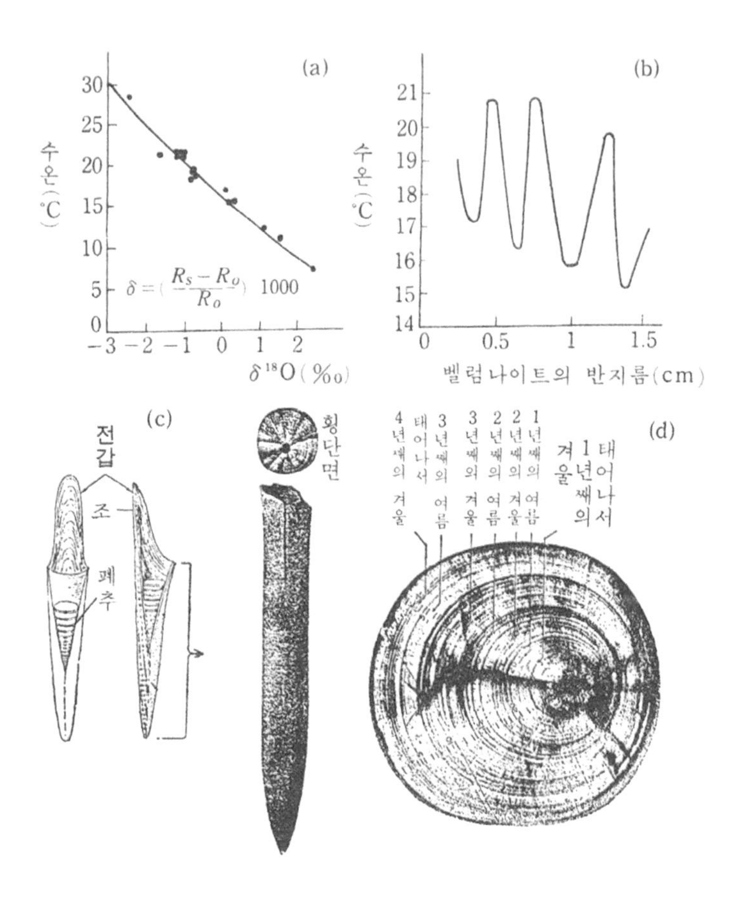

그림 3-24 | (a) 수온의 상승과 ^{18}O의 상대적인 감소, Rs: 시료의 $^{18}O/^{16}O$ 비, Ro: 표준시료의 $^{18}O/^{16}O$ 비, (b) 산소 동위원소 비에 의해 밝혀진 중생대의 절멸 두족류 벨렘나이트의 온도 변화. 벨렘나이트의 골격의 성장에 따라 수온이 주기적으로 변하는 사실로부터 벨렘나이트의 생존 중 수온이 상승한 것은 여름철이었고, 내려간 것은 겨울철임을 알 수 있다. 또 이 개체가 성장하는 데 따라 수온은 해가 갈수록 저하했다고 추정되며, 또한 이런 사실은 벨렘나이트가 한랭한 수역 내지 심해를 향해 이동했음을 나타낸다. (c) 북아메리카의 상부 백악계 벨렘나이트 골격의 석회질이 이동했음을 나타낸다(시머 외, 1949), (d) 벨렘나이트의 횡단면. 검은 데는 겨울, 엷은 데는 여름에 각각 분비된 층이다. 이 벨렘나이트는 태어나서 4년째 봄에 죽었다(유리 외, 1951).

에 따라 ^{16}O와 ^{18}O이 차지하는 비율에 차이가 생긴다. 따라서 현재의 시료에 대한 ^{16}O와 ^{18}O의 비와 수온과의 관계를 알면 조개 화석이나 산호 화석 같은 몸체가 탄산칼슘으로 된 생물 화석을 조사하여 그 생물이 생존했던 당시의 고수온이 추정되고, 또 기온도 추정된다. 이것은 시카고대학의 유리 박사가 생각해 낸 것이다. 박사는 열역학 이론에서 ^{16}O과 ^{18}O의 비율이 0℃에서는 500:1.60, 25℃에서는 500:1.20이라는 것을 산출했다. 그리하여 캘리포니아만의 전복을 조사한 결과 자연계에서도 몸체를 형성하는 탄산칼슘의 ^{16}O과 ^{18}O의 비가 전복이 생존하는 장소의 수온에 따라 차가 있음을 실증했다. 이리하여 결정된 "온도에 따른 ^{16}O과 ^{18}O의 비율변화"를 활용하여 지질시대에 산 생물의 환경 변화를 추정했다.

유리 박사는 공동 연구자들과 영국의 약 1억 년 전 오징어 화석 벨렘나이트(箭石)를 화석의 중심부(유체부)에서 외측성체시로 향하여 $^{18}O/^{16}O$ 비를 측정했다. 그 결과 그림 3-24 같은 곡선을 얻었다. 이 곡선에서 높은 곳은 오징어가 여름에 성장한 부분이며, 낮은 곳은 겨울에 해당한다. 즉 이 오징어는 겨울을 네 번, 여름을 세 번 겪고 4년째 봄에 죽었다는 것까지 알아냈다.

유리 박사가 사용한 방법을 최근 마이애미대학 해양지질연구실의 에밀리어니 교수들이 응용했다. 대서양의 카리브해에서 보링하여 얻은 심해저 주상시료 중에 들어 있는 유공충 껍질 시상화석에 포함된 $^{18}O/^{16}O$ 비를 구하여 과거 70만 년간의 고수온 변화를 구했다. 또 덴마크의 돈스가드 박사들은 그린란드에 발달한 두꺼운 빙하 위에서 보링하여 과거 10만 년간의 얼음의 주상시료를 채집하여 10만 년 전부터 현재까지의 얼음 속의 ^{18}O과 ^{16}O의 비에서 과거 10만 년간의 기온 변화를 알아냈다.

방해석과 선석을 쓰는 방식

캘리포니아 공과대학의 로엔스텀 교수는 해생조류(海生藻類) 또는 해저 무척추동물이 만드는 탄산칼슘은 수온에 따라 선석이 되기도 하고 방해석이 되기도 하는 사실을 확인했다. 선석과 방해석의 화학성분은 같은

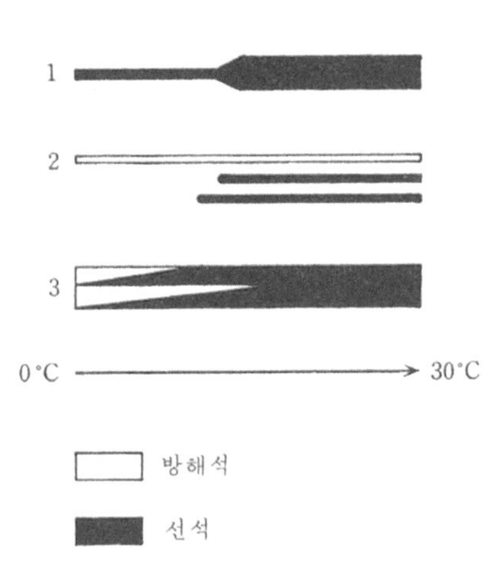

그림 3-25 | 해저 석회조 및 해저 무척추동물의 방해석 및 선석 분포의 세 가지 형식. 1 그룹은 선석만을 분비하는 생물로서 한랭수역보다 온난수역 쪽이 종류가 많은 것, 예를 들면 조초산호이다. 2 그룹은 종에 따라 방해석 또는 선석 중 어느 쪽을 분비하는 생물로서 선석형의 종은 온난수역에 한정되는 것, 예를 들면 어떤 종의 조류나 팔사산호이다. 3 그룹은 방해석 및 선석 두 가지를 모두 분비하는 생물로서 방해석과 선석의 비가 수온에 따라 변하는 것, 예를 들면 이매패, 고동, 이끼벌레 등이다(로엔스텀, 1954, 桑野幸夫, 1974).

탄산칼슘인데 외형(결정계)이 다르다. 즉 두 광물질은 동질이상(同質異像) 현상을 보인다.

이매패, 고동 같은 동물이라도 선석 또는 방해석의 탄산염 광물 두 가지를 분비하는데 이 두 광물 비는 수온 변화에 따라 변화하며 수온이 낮을수록 방해석이 높은 비율이 된다. 이러한 현상의 화학적 메커니즘에 대해서는 현재 충분히 알려져 있지 않다. 그러나 선석형의 탄산칼슘이 분비되는 현상은 온난한 수역에서 일어난다는 것은 확실하다. 따라서 지층에 포함되는 선석형의 화석이 많을수록 이 생물들이 생존하던 당시의 수온이 높았고 기온도 온난했다고 말할 수 있다.

빙하천문학이론의 이용

지구상의 기상은 기본적으로는 대기의 순환에 의한다. 이 순환에 영향을 주는 요인의 하나가 태양으로부터의 일사량 변화이다. 이 변화는 지구와 태양과의 천문학적 관계에 기인한다고 세르비아의 수리기상학자 밀루틴 밀란코비치는 생각했다. 그의 이론은 천문학, 특히 지구의 공전운동과 관련되므로 빙하의 천문학 이론이라 불린다. 케플러의 제1법칙(타원궤도의 법칙)에 의하면 지구는 태양을 중심으로 원궤도 운동을 하는 것이 아니라 타원궤도를 공전한다. 타원의 두 초점 중 하나에 태양이 위치한다.

현재 이 타원궤도는 원에 가깝고 두 초점 간의 거리는 긴 때에 타원장축의 5.3%, 제일 짧을 때는 1.6%가 된다. 두 점 간의 거리는 주기 9만

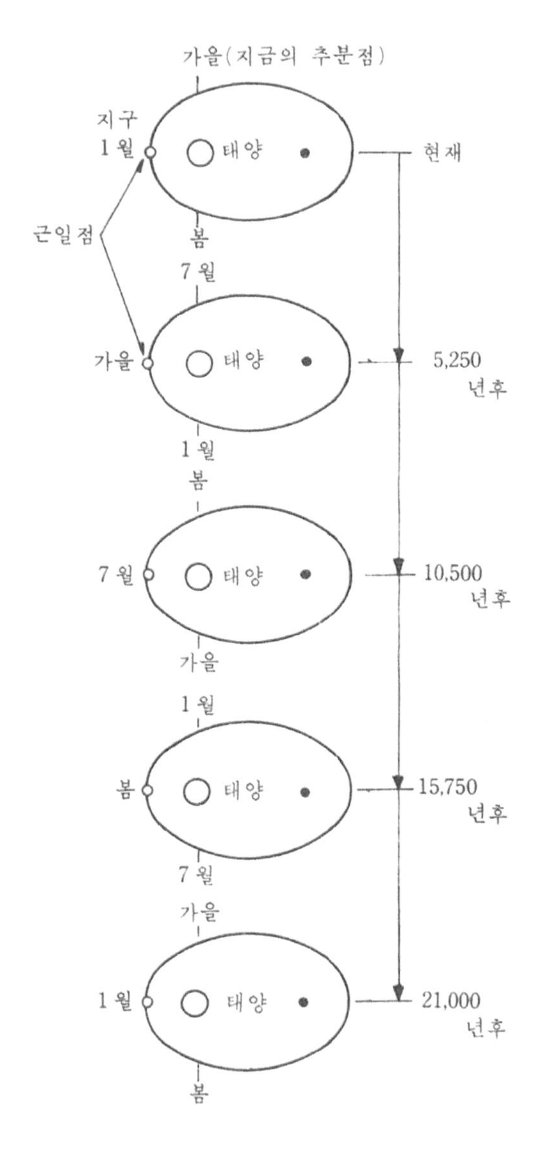

그림 3-26 | 춘분과 추분의 변화

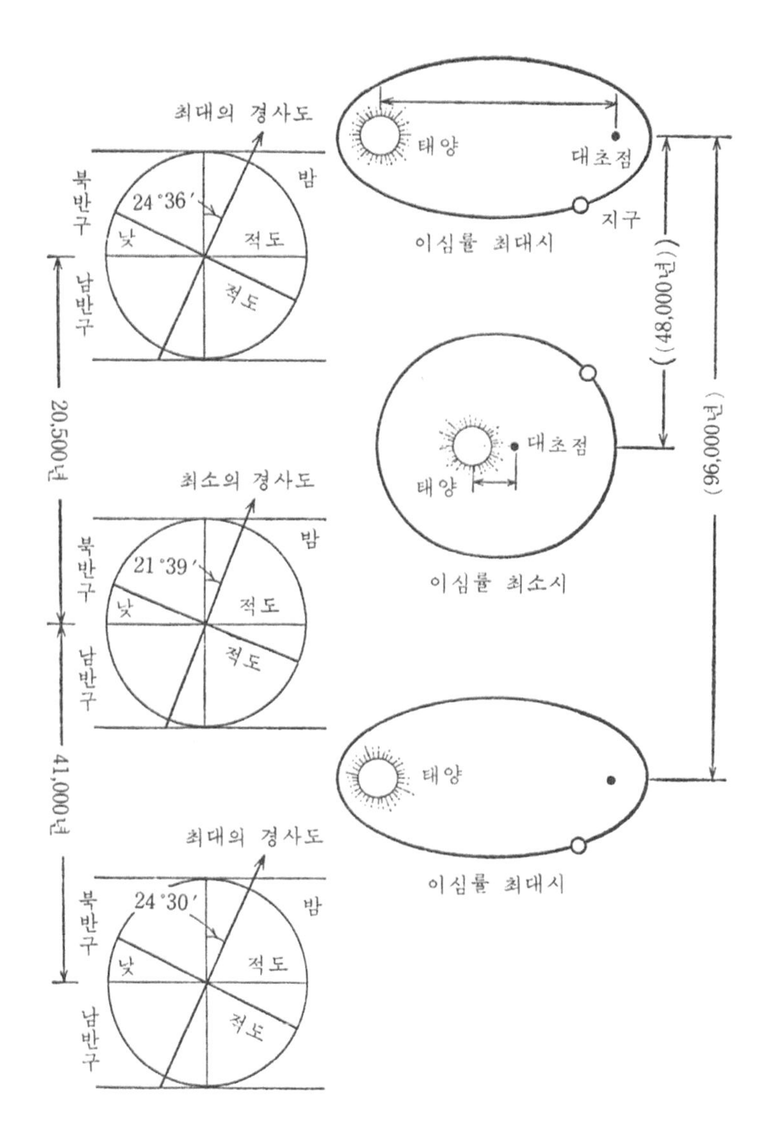

그림 3-27 | 자전축의 변화(좌)와 이심률의 변화(우).

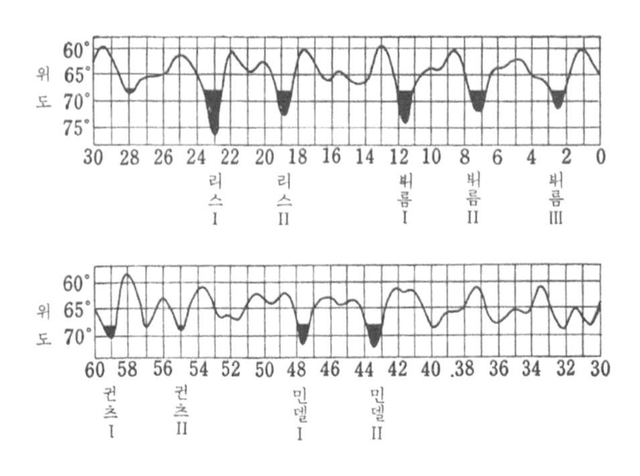

그림 3-28 | 밀란코비치(1930)가 계산한 북위 60°에서 여름의 일사량 변화(연수는 1만 년 단위)

6,000년으로, 길어졌다 짧아지는 운동을 되풀이한다.

만일 궤도가 진원으로 공전 속도가 같다면 1년 중에서 겨울 반기와 여름 반기가 완전히 같아야 한다. 다른 한편 타원궤도의 이심률이 크고 두 초점이 멀어지면 멀어질수록 두 계절 길이의 차가 커진다.

현재 지구는 1월에 근일점에 가까워져서 태양으로부터 거리가 최소가 된다. 근일점을 향하여 이동하는 동안 지구의 속도는 빨라지고, 근일점에서 멀어질수록 늦어진다. "넓이 속도가 일정"하다는 케플러의 제2법칙(면적속도 일정의 법칙)을 따르기 때문이며, 태양에서 지구에 그은 선분이 단위시간에 그리는 넓이는 전 궤도에서 일정하기 때문이다. 이러한 지구의 공전 외에 지구의 자전축이 공전 면과 직교하지 않고 경사진 사실과

빙기 \ 지역	알 프 스	스칸디나비아	북아메리카
빙 기	뷔 름	바이크젤	위스콘신
간빙기			상 가 몬
빙 기	리 스	잘 레	일리노이언
간빙기			야르마우드
빙 기	민 델	엘 스 터	칸 산
간빙기			아프토니언
빙 기	귄 츠	?	네브라스컨

표 3-1 | 유럽과 북아메리카의 빙기, 간빙기 대비표. 이것은 대략적인 대비이며, 세세한 연대나 아빙기의 존재, 구분 등에 대해서는 서로 일치하지 않는 점이 많다.

더불어 생각하면 북반구의 겨울은 여름보다 다소 짧으며, 한편 남반구에서는 이 관계가 반대가 되어 겨울이 여름보다 길어진다.

지구 궤도의 이심률에는 또 다른 복잡한 메커니즘이 작용하여 그 결과 2만 1,000년 주기로 다음과 같이 변화한다.

현재 지구는 1월에 근일점에 도착한다. 그러나 시간이 지나면 이 시기는 2월이 되고, 3월이 되어, 차츰 밀려 1만 500년이 지나면 7월에 도착한다. 다시 1만 500년이 지나면 도로 1월이 된다. 즉 2만 1,000년 주기로 근일점 도달 시기가 변화한다.

1년 중에서 밤과 낮의 길이가 같은 때는 춘분일과 추분일인데 이것은 현재 지구상에서의 이야기지 지금부터 4반주기 후인 5,250년이 지나면

1월과 7월에 일어나게 되며, 반주기가 지나면 봄과 가을은 뒤바뀐다. 그리고 1주기가 지나면 다시 제자리에 돌아온다(그림 3-26 참조). 이렇게 때와 더불어 근일점과 춘분점과 추분점이 변화한다. 지구의 복잡한 궤도 변화는 이상과 같은데 지구 자전축은 이보다 더 까다롭게 변화한다. 현재 자전축은 공전 면에 직교하는 축과 23˚27' 경사졌다. 달과 태양의 조석력으로 자전축이 회전하는데, 마치 팽이 운동 같은 세차 운동을 하며 주기는 2만 6,000년이다.

더 긴 기간에 걸쳐 자전축의 운동을 주의 깊게 관찰하면 목성이 지구에 접근하기도 하고 멀어지기 때문에 목성의 인력이 작용하여 자전축은 23˚27'이 아니고 4만 1,000년의 주기로 최대경사각 24˚36', 최소경사각 21˚39' 사이에서 규칙적으로 진동한다. 이 운동을 보면 간단한 세차 운동을 하는 팽이가 아닌 셈이다.

지구의 겨울과 여름의 길이가 9만 6,000년, 2만 1,000년의 두 주기로 변화하는 한편, 자전축은 4만 1,000년의 주기 변화로 운동을 계속한다. 이렇게 되면, 예를 들어 북반구만을 보면 지구가 받는 태양으로부터의 일조량이 변화하게 된다. 남반구의 일조량은 북반구의 일조량과 반대로 변화하므로 만일 두 반구의 육지 넓이가 거의 같고 태양열의 흡수량이 같다면 지구상에는 기후 변화가 일어나지 않을 것이다. 그러나 실제는 흡수량에 약간이라도 차가 있으므로 기후 변동이 일어난다고 밀란코비치는 생각했다. 특히 긴 시간에 걸쳐 지구 대기의 온도 변화가 적분되면 드디어 빙하의 원인이 된다는 것이다.

밀란코비치는 실제로 지구의 북위 25~75° 지대에서의 과거 60만 년간의 일사량 변화를 계산했다. 그는 컴퓨터가 없는 20세기 초인 1913~1938년의 약 4반세기 간에 종이와 연필만으로 끈기 있게 계산했다.

밀란코비치의 일사량 변화 곡선은 그의 친구들인 지질학자나 고생물학자들이 계산한 결과 당시 추정된 빙기의 시기나 규모와 잘 일치했기 때문에 세계적으로 일약 유명해졌다.

그러나 이 천문학적 방법도 밀란코비치 자신이 말하는 것처럼 겨우 60만 년 전까지만 유효하며 그보다 오랜 시대가 되면 대륙 분포도 산맥의 높이도 지금과는 상당히 달랐을 것이므로 단순한 계산만으로는 드러맞지 않는다. 또 계산 과정에서 남반구보다 북반구의 일사량 변화가 지도적 역할을 한다고 가정했다.

남반구에는 남아메리카, 남극 대륙, 오스트레일리아, 아프리카의 네 대륙이 있다. 그 밖은 모두 바다이다. 앞에서 얘기한 것같이 바다의 열 보지력은 육지보다 상회하는가? 또 북반구에는 북아메리카와 유라시아 대륙이 있는데 육지의 태양열 보지력이 정말 약할까?

기후가 한랭화하는 데는 북반구가 더 큰 영향력을 가진다고 생각되었는데 아직 정확한 판정을 내릴 상황이 못 된다. 남반구 고위도 지방에서는 남극 대륙을 제외하면 해면이 널리 퍼졌으므로 간빙기가 될 때 남반구의 열 흡수가 크게 영향을 미친다고 생각되지만 정량적으로는 아직 전혀 모른다 —이렇게 밀란코비치의 학설에는 해명되지 못한 요소가 많기 때문에 오늘날에도 그의 이론에 기초를 둔 연구가 많이 진행되고 있어 정말 흥미롭다.

그의 이론은 빙기와 간빙기가 되풀이하여 일어나는 사실을 설명하는 데는 유력하다. 그리고 장차 불확정 요소가 해명되면 미래 지구의 기후도 일식과 월식 예보처럼 예측할 수 있게 될 것이며, 만일 그렇게 된다면 그의 학설은 정말 매력 있는 이론이 될 것이다.

꽃가루 화석이 보여 주는 고기후

꽃가루는 기후의 훌륭한 기록 보관인

식물은 종류에 따라 분포가 다르기 때문에 식물의 엽편, 씨, 수간 화석을 분석하면 고기후를 알아낼 수 있다.

식물의 기관의 하나인 꽃가루 화석도 고기후를 해명하는 데 유력한 수단이 된다. 특히 엽편, 씨, 수간보다도 꽃가루 쪽이 화석으로서의 분포율이나 보존율이 좋으므로 꽃가루 화석은 시상화석으로서도 대단히 유효하다.

꽃가루의 존재는 이미 그리스시대부터 사람들에게 알려졌다. 물론 그 형태가 확인된 것은 훨씬 후세에 내려와 현미경 발견을 기다려야 했다. 꽃가루가 식물 번식에 필요한 기관의 하나일 뿐만 아니라 고기후를 해명하는 데 있어서도 중요한 역할을 한다는 것은 19세기 중기부터 알게 되었다. 미소한 꽃가루가 어떻게 고기후를 해명하는데 큰 구실을 하는가.

꽃가루는 작고 가볍기 때문에 바람이나 물로 운반되기 쉽고, 또 견고한 구조를 가졌기 때문에 잘 보존된다. 꽃가루가 식물 생식기관의 하나이기 때문에 중요할 뿐만 아니라 크기가 작기 때문에 같은 식물기관이라도 엽편이나 씨보다 훨씬 보존도가 높다. 예를 들면 엽편, 씨, 수간의 주성분이 화석 속에 남은 가장 오랜 시대는, 일본 호쿠리쿠 지방의 지층에서는 겨우 500만 년 전까지이다. 그보다도 오랜 시대가 되면 형

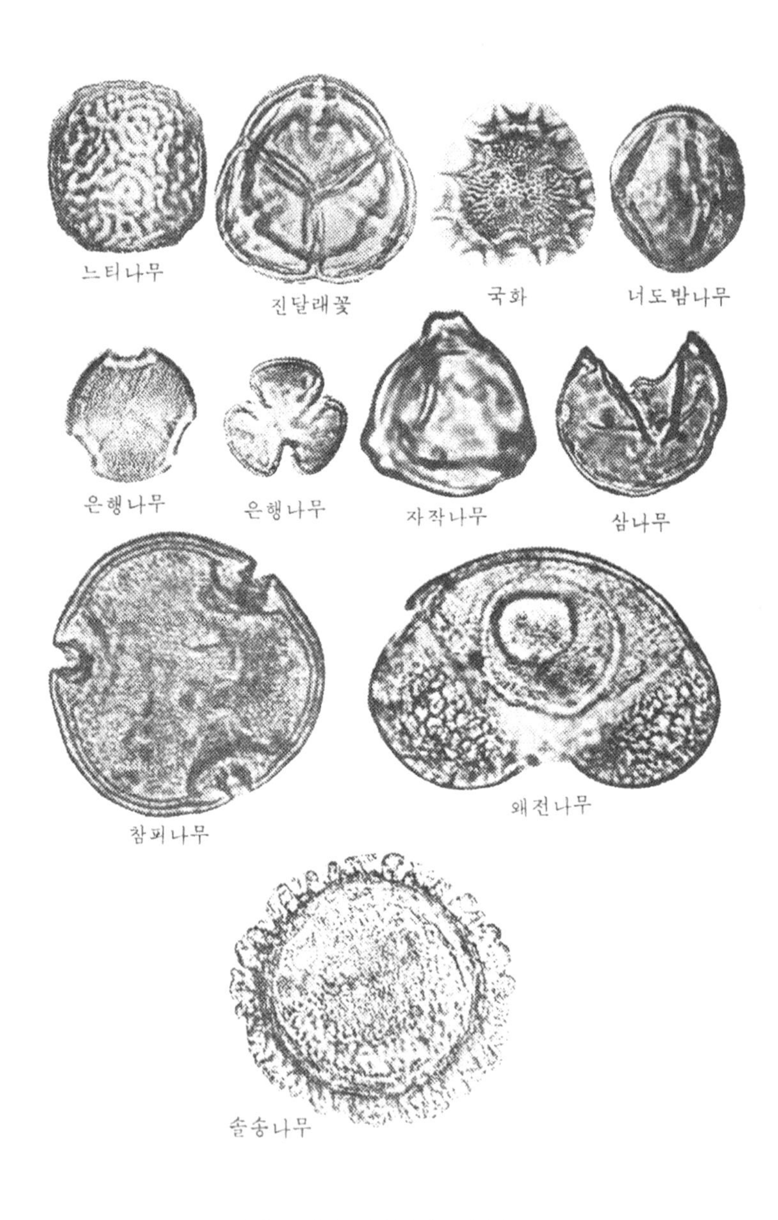

그림 3-29 | 여러 가지 꽃가루 화석

태는 남았어도 질-성분 자체는 남지 않고 수간은 다른 성분, 예를 들면 이산화규소와 치환되었다. 그러나 꽃가루는 약 1억 년 전의 지층 속에서 형태는 물론 성분 자체도 그다지 변하지 않고 남아 있다. 또 꽃가루 형태와 크기는 식물 종류에 따라 다르므로 식물 이름을 알아낼 수 있다. 또 꽃가루는 식물의 다른 기관과 비교하여 수가 대단히 많다는 이점이 있다. 예를 들면 한 그루의 소나무가 봄이 되어 5월경에 주변에 산포하는 꽃가루 수는 수백만이나 된다고 한다. 가볍고 수가 많기 때문은 바람과 물 등 여러 가지 환경으로 운반되어 여러 가지 장소에 퇴적된다. 그 때문에 꽃가루가 화석으로 남을 기회도 많다. 자갈 같은 입자가 큰 퇴적물은 제쳐 놓고, 꽃가루 화석은 많은 지층에 포함되므로 고기후 해석에 편리하다.

먼저 북유럽에서 시작되었다

알다시피 꽃가루는 겉씨식물과 속씨식물의 수정기관인데, 고사리식물과 조류같은 하등식물에서는 홀씨가 꽃가루 구실을 한다.

이 꽃가루나 홀씨 화석을 지층 속에서 선별·추출하여 그 꽃가루 화석의 조합으로부터 식물 군락의 구성 요소를 결정하고, 나아가서 옛날 기후를 해명하는 연구는 스웨덴, 덴마크 등 북유럽의 여러 나라에서 시작되었다. 이 나라들은 약 2만 년 전에서 1만 년 전의, 이른바 최후의 대빙하기(북아메리카의 위스콘신 빙기 말, 중부 유럽의 뷔름 빙기 말, 북유럽의 바이크젤 빙기)에 대륙 빙하로 덮였다. 이 때문에 그 이전에 이 지역에서 자라던 식물 대부분은 남쪽으로 후퇴했는데 미처 남하하지 못한 식물은 한랭 기후 때문에 절멸해 버렸다. 그러나 그 후에 찾아온 온난 기후 때문에 그토록 광대한 빙하도 차츰 북쪽으로 후퇴해 가고 그 뒤를 좇듯이 식물들이 북상했다. 기후의 온난한 정도에 따라 식생도 점차 변해 갔다. 이러한 기후 변화에 수반되는 식생의 세밀한 변화가 지층 속에 잘 남았기 때문에 지층 아래쪽(오래된 쪽)부터 위쪽(새로운 쪽)까지 순차적으로 꽃가루 화석을 조사하면 기후 변화가 상세히 추적된다.

이바센의 연구

대빙하의 내습으로 모든 식물이 일소되고 또 이 대빙하가 연약한 지층을 거의 전부 깎아 버렸기 때문에, 북유럽 여러 나라에서는 기후가 온난해짐에 따라 식물이 어떻게 나지(裸地)로 진출하여 어떤 경과를 거쳐 새로운 식물 군락이 형성되었는가에 대해, 즉 식물 군락의 "전형적 재현"에 대해 쉽게 연구할 수 있었다.

덴마크 이바센 박사의 연구에 의하면 각 지층 속에 포함된 꽃가루 화석의 조합은 지층에 따라 차이가 있었다. 조합의 차이는 각 지층이 퇴적한 당시 거기에 자라던 식물의 차이이며, 그것은 시대의 변이에 따라 기후도 변했음을 암시한다. 이바센 박사는 과거 1만여 년간 꽃가루 화석 조합의 차이를 바탕으로 프레보레알(Preboreal)기부터 서브아틀란틱기

(Subatlantic)까지의 5기로 시대를 구분했다. 이 구분은 지금도 북유럽 일대의 표준이 될 뿐만 아니라 세계 홀로세 시대 구분의 기본으로 이용된다. 일본에서도 1971년 비와호 아래 약 70m 깊이에서 보링하여 얻어진 약 200m 두께(약 60만 년간)의 이층(泥層)을 채집했다. 이 이층을 분석하여 꽃가루 화석을 추출한 결과 그림 3-30과 같은 꽃가루의 구성 변화가 알려졌고, 그 결과를 바탕으로 과거의 기후 변화가 해명되었다(그림 3-31).

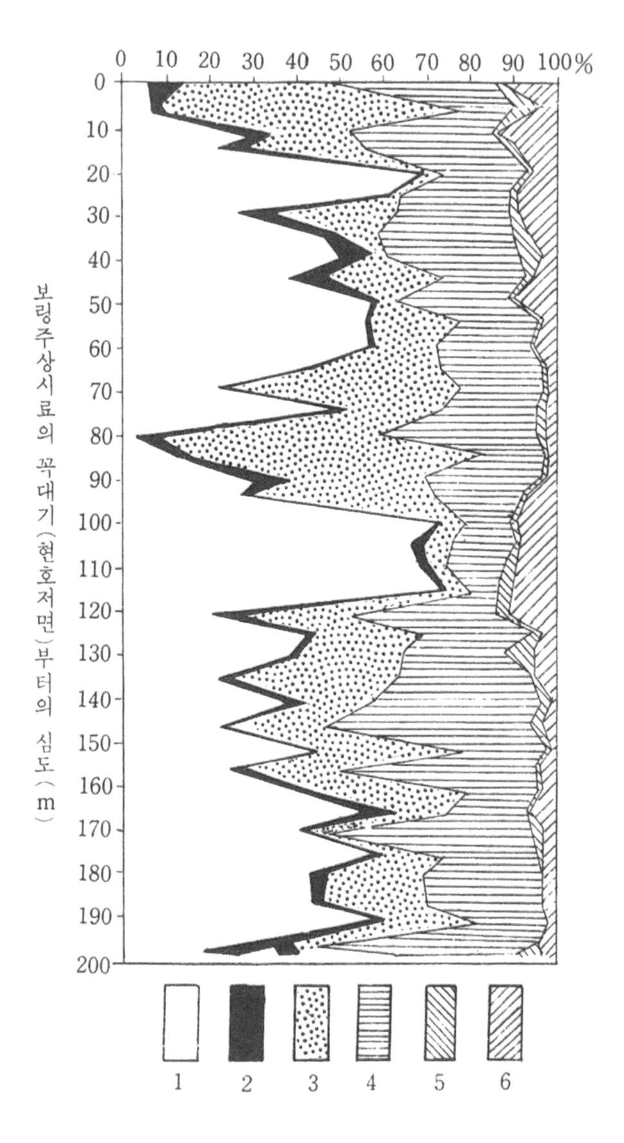

그림 3-30 | 비와호에서 채집한 약 200m의 주상 시료의 화분 구성과 그 변화(藤, 1972). 1: 한대계 침엽수, 2: 냉온대계 식물, 3: 냉온대계~온대계 식물, 4: 냉온대 중부역~온대계 식물, 5: 아열대계 식물, 6: 초본류의 꽃가루.

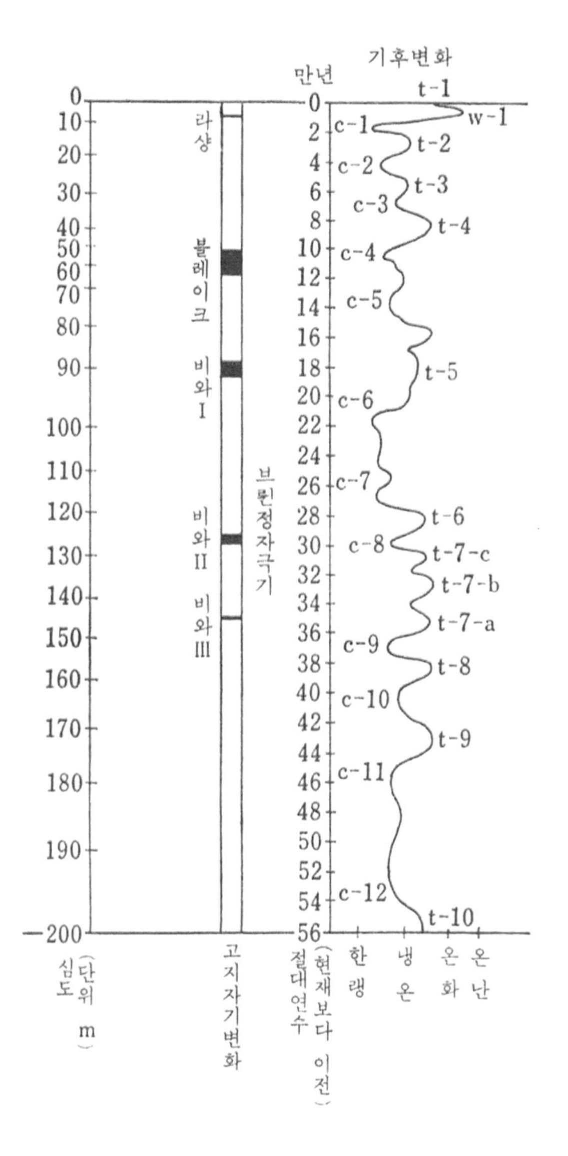

그림 3-31 | 비와호에서 채집한 약 200m의 주상 퇴적물의 꽃가루 분석에 의한 고기후의 변화 곡선(藤, 1977).

작은 화석으로 큰 성과가

미세한 꽃가루 화석을 분석함으로써 과학자들은 지질시대의 환경 변천을 밝히는 데 상상 이상의 큰 성과를 올렸다. 구체적으로 최후의 지질시대- 홀로세를 예로 들어 얘기하겠다.

홀로세의 기후 변화

마지막 빙기가 끝나고 현재까지의 약 1만 5,000년간의 기후 변천에 대해서는, 19세기 말에 브리트와 세르난델이 남부 스칸디나비아반도의 퇴적물에 포함된 식물 화석 연구를 바탕으로 만빙기(약 1.5만 년 전~1만 년 전), 프레보레알, 보레알, 아틀란틱, 서브보레알, 서브아틀란틱으로 구분하자고 제안했다. 북해에 돌출한 유틀란트반도의 만빙기부터 현재까지의 지층을 이바센 박사가 꽃가루를 분석한 관점에서 연구하여, 그림 3-34처럼 그 구분이 옳다고 입증했다.

최종 빙기(북유럽의 바이크젤 빙기, 북아메리카의 위스콘신 빙기)에, 스칸디나비아의 빙상은 약 1만 5,000년 전부터 차츰 녹기 시작하며 북쪽으로 후퇴하기 시작했다. 당시 빙상의 남단인 유틀란트반도에서는 1만 3,000년경 만빙기의 가장 오래된 드라이아스기부터 홀로세 초기에 걸쳐 삼림과 습지가 퍼져 빙하가 운반해 온 퇴적물(퇴석) 위에 이탄층이 쌓였다. 이 층의 꽃가루를 분석하여 9개의 꽃가루대로 분석했다.

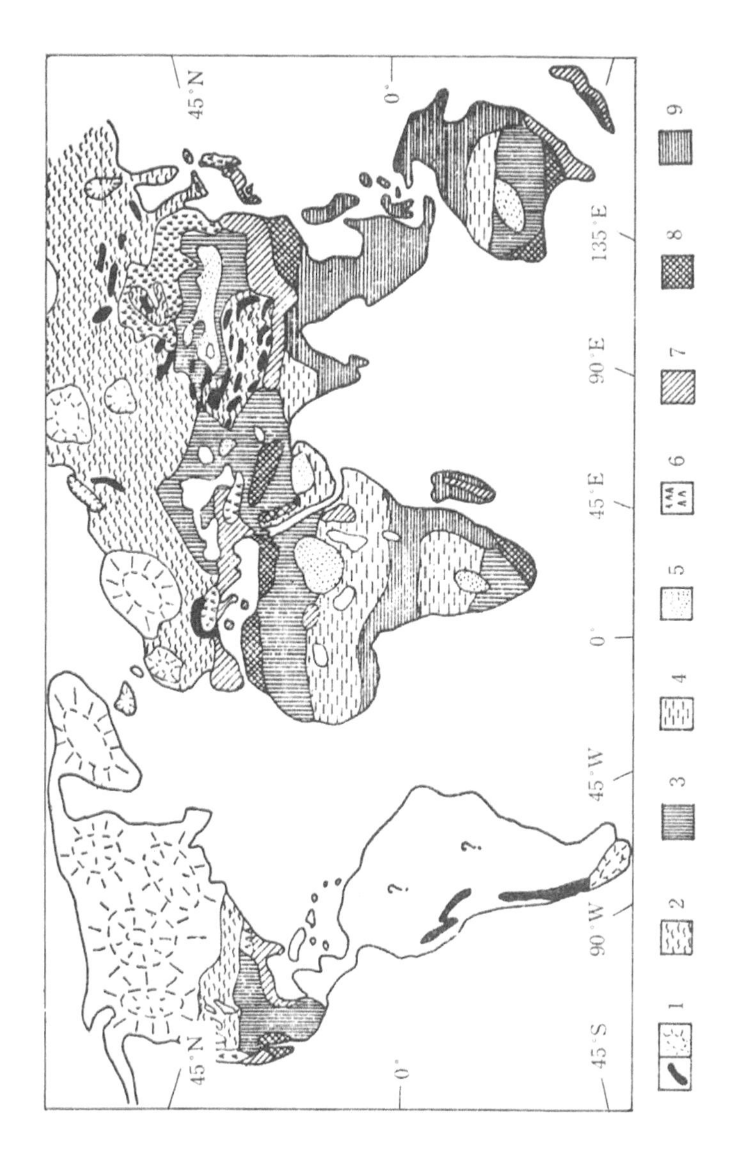

그림 3-32 | 뷔름 빙기의 식생과 해안선(프렌첼, 保柳 외). 1: 빙하, 빙상, 2: 툰드라, 3: 스텝, 4: 사바나, 5: 사막, 6: 침엽수림, 7: 혼합수림, 8: 아열대림, 9: 열대우림.

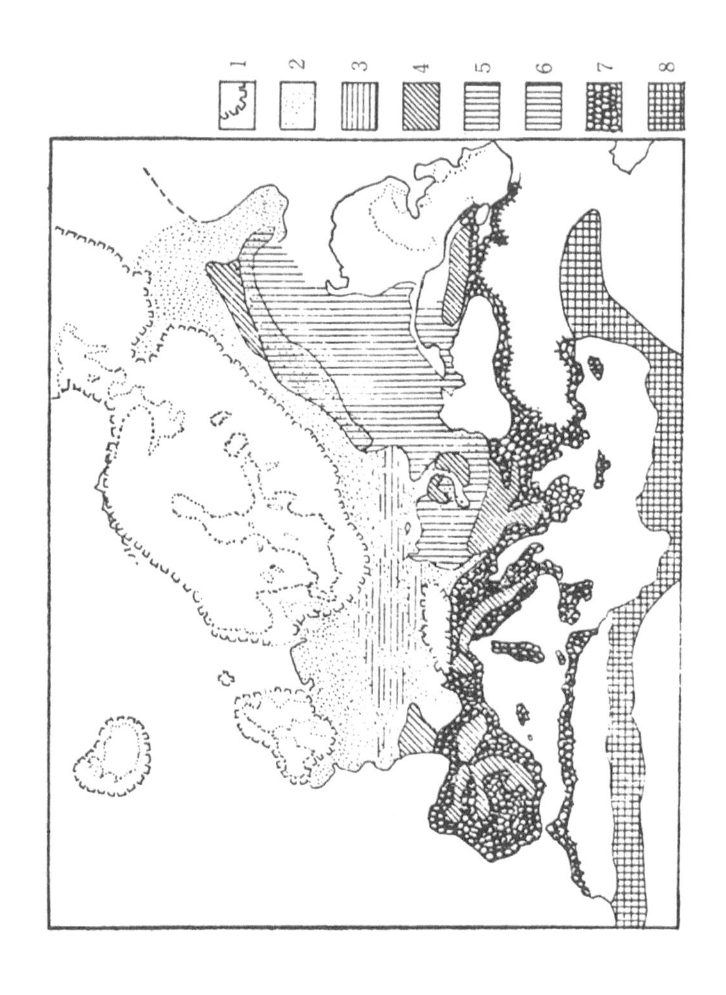

그림 3-33 | 뷔름 빙기의 유럽 식생(뷰델, 1949). 1: 빙상의 범위, 2: 서리 작용이 강한 툰드라, 3: 레스 툰드라, 4: 삼림 툰드라, 5: 레스 초원, 6: 레스 삼림초원, 7: 온대림, 8: 지중해성 식생.

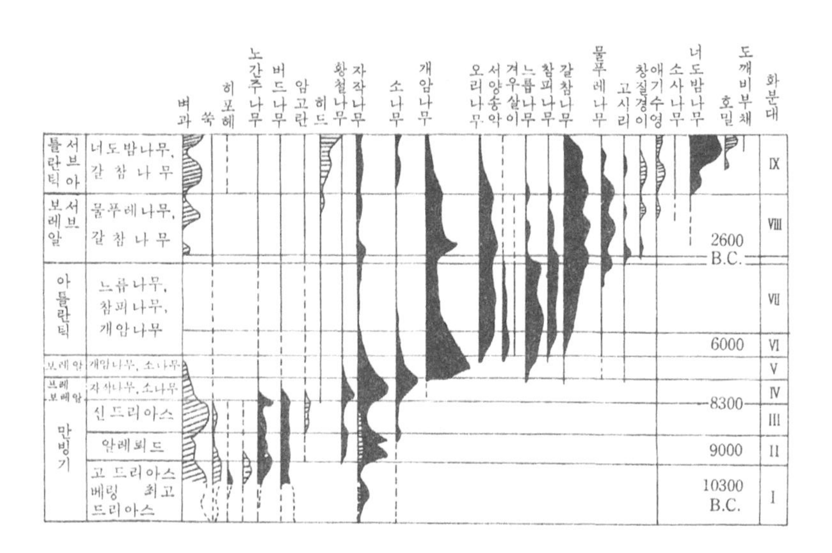

그림 3-34 | 만빙기~후빙기 덴마크 남부의 꽃가루 다이어그램(이바센, 1960).

그리고 이 꽃가루대 각 지층에 포함된 꽃가루 화석의 조합이 변화함으로써 나타나는 수림의 변천을 기틀로 하여 홀로세의 기후 변화를 자세히 조사했다.

이바센 박사의 연구에 의하면 프레보레알기(Ⅳ기)라 불리는 만빙기 말에 일어난, 한랭 기후가 사라진 직후 찾아온 기온 상승기로부터 홀로세는 시작되었다. 홀로세라고 하면 일본에서는 이미 조몬(繩文) 초기에 들어섰는데, 북유럽 여러 나라는 현재보다 추웠다. 이 직전의 신드라이아스기(3기)에는 스텝과 툰드라적인 기후에 적응한 벼과 식물과 노간주나무, 버들류가 우점했는데, 프레보레알기의 전반이 되자 고목성 자작나무류가 차츰 많아지고, 다시 프레보레알기 후반이 되자 소나무가 번성하게 되었다. 이러한 식생은 스웨덴과 핀란드 북부의 북위 65°에서 70° 지역의 현재 식생과 비슷하다.

자작나무와 소나무는 본래 양생식물이므로 스텝 같은 높은 나무가 없는 볕이 잘 드는 지역에서는 삼림 식생의 초기에 나타나는 수목이다. 그런데 그 후 보레알기(V기)가 되자 온난한 남방으로부터 개암나무가 침입해 와서 개암나무가 급격히 높은 비율이 되었다. 이것과 반대로 자작나무와 소나무는 점차 감소해 갔다. 남부 스웨덴에서 개암나무가 급격히 증가한 것은 약 7,500년 전으로 유틀란트지방과 거의 같은 때였다. 그러나 유틀란트반도에서는 소나무와 자작나무가 개암나무로 급속히 교대되었는

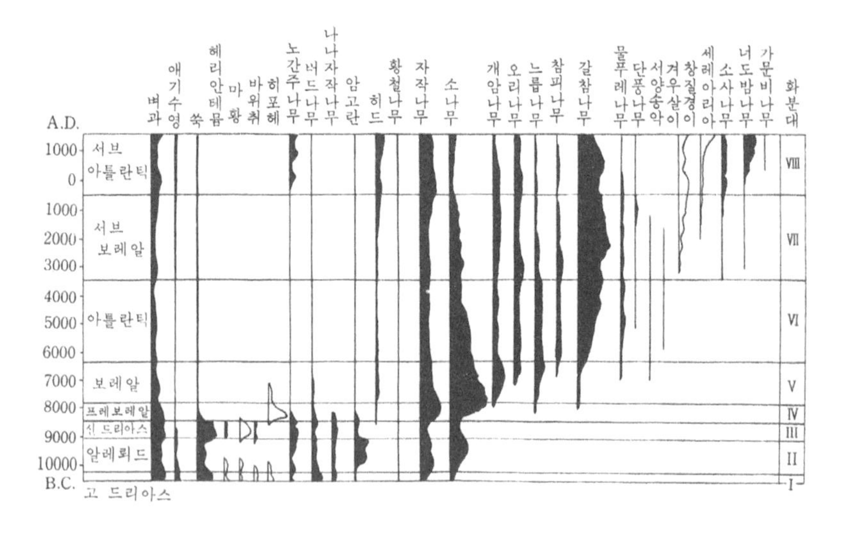

그림 3-35 | 만빙기~홀로세의 스칸디나비아반도 남부에서의 꽃가루 다이어그램 (버그룬드, 1968)

데, 남부 스웨덴에서는 개암나무의 진출은 덴마크만큼 뚜렷하지 않고 보레알기에 들어가서도 역시 소나무와 자작나무가 우점종이었다. 이렇게 두 지방은 식생상에서 다소의 차이가 인정된다.

개암나무의 우점도 보레알기 전반까지였고 후반에 들어가자 느릅나무 같은 음성 교목이 많아졌다. 그러나 스웨덴에서는 느릅나무가 초기에, 이어 오리나무 및 갈참나무가 후반에 나타나기 시작했다. 갈참나무의 출현과 더불어 개암나무는 급속히 감소했고 기후는 온화하고 건조한 아틀란틱기(Ⅵ기) 초기로 이행했다. 이 시대가 되자 서양 송악(담장나무)과 겨우살이 등이 나타나기 시작했다. 따라서 당시 유틀란트지방의 기후는 오늘날의 기후보다도 온난했다고 추정된다.

유틀란트반도에서 스웨덴에 걸쳐 갈참나무가 우점하는 갈참나무 혼합림이 분포하는데 이러한 식생이 중부 유럽 일대에 널리 분포했다. 이렇게 갈참나무가 우점하는 기후 조건은 당시 강수량이 많아져 토양의 용탈작용 및 토양 중에 서식하는 미생물에 의한 부식 분해가 활발하게 되고 염기성 양분이 적어진 데도 이유가 있을 것이다. 이렇게 아틀란틱기 후반(Ⅶ기)은 온난 습윤한 시기였다. 발트해 일대에는 유명한 리토리나 해진(海進)이 있었고 따뜻한 바다가 펴졌다. 이 시기는 일본의 조몬 해진기와 대비된다.

스웨덴에서는 Ⅵ기 말이 되어도 갈참나무는 감소하지 않았지만 느릅나무가 급격히 감소하고 오리나무는 다소 증가했다. 또 유틀란트반도에서는 물푸레나무가 증가하기 시작하고 그 대신 느릅나무와 서양 송악이

<table>
<tr><th>화분대</th><th>구 분</th><th>기후</th><th>삼 림</th><th>발트해 남부</th><th>해면변화</th><th>인류유적</th><th>절대연대 (연)</th></tr>
<tr><td>IX</td><td>서브 아틀란틱</td><td>냉습</td><td>너도 밤나무</td><td>바이아해 림네아해</td><td>해 퇴</td><td>역 사 시 대
바이킹시대
철 기 시 대</td><td>1000 A.D.
0
600 B.C.</td></tr>
<tr><td>VIII</td><td>서브 보레알</td><td>난건</td><td>갈참나무, 물푸레나무</td><td>리토 리나해</td><td rowspan="2">해 퇴
리토리나진 해 IV III II I</td><td>청동기시대</td><td>1500 B.C.</td></tr>
<tr><td>VII</td><td>아틀 란틱</td><td>난습</td><td>갈참나무, 느릅나무</td><td>리토 리나해</td><td>신석기시대</td><td>3000 B.C.</td></tr>
<tr><td>VI</td><td rowspan="2">보레알</td><td rowspan="2">난건</td><td>개암나무, 갈참나무</td><td rowspan="2">안키 르스호</td><td>해 진</td><td rowspan="3">중석기시대</td><td></td></tr>
<tr><td>V</td><td>개암 나무, 소나무</td><td>해 퇴</td><td>5500 B.C.
6000 B.C.</td></tr>
<tr><td>IV</td><td>프레 보레알</td><td>점난</td><td>자작 나무, 소나무</td><td>요르 디아해</td><td>해 퇴</td><td>7000 B.C.
8300 B.C.</td></tr>
</table>

표 3-2 | 꽃가루분대에 의한 덴마크 중부의 후빙기의 지사(헨센, 1965).

갑자기 줄어든 것이 눈에 띈다. 오리나무도 다소 감소했다. 이러한 식생 변화는 유럽 각지에서 인정되고, 서브보레알기(Ⅷ기) 초부터 기후가 점차 온난 건조하게 변했음을 암시한다고 이바센 박사는 결론을 내렸다.

이러한 박사의 의견에 대해 북유럽 식물학자 중에는 이즈음부터 인류가 자연 식생을 파괴한 데는 원인이 있다는 설을 주장하는 사람도 있다. 예를 들면 느릅나무는 옛날부터 가축 사료로 이용되었다. 그 때문에 필연적으로 자연 식생이 감소되었다는 것이다. 또 아틀란틱스 후반(Ⅶ기)부터 서브보레알기(Ⅷ기) 지층에는 쑥과 창질경이, 명아주과의 꽃가루가 증가하고, 또한 곡류의 꽃가루도 근소하게 포함된 것으로부터 추측하여 서브보레알기(Ⅳ기)에는 이미 초보적인 농업이 시작되었다고 생각된다. 그리고 그전 시대까지 분포되었던 갈참나무 혼합림은 농경 시작과 확대되자 점차 벌채되었다.

최후의 서브아틀란틱기(Ⅳ기)가 되자 덴마크에서는 개암나무, 오리나무, 물푸레나무가 급감하고, 이와 대조적으로 너도밤나무와 히드류가 급증했다. 소나무와 자작나무도 다소 증가했다. 이에 반하여 스웨덴에서는 자작나무가 급격히 증가했다. 특히 북유럽 여러 나라에서 호밀과 벼과 식물이 증가하는 것은 인류가 농경을 함으로써 자연 식생에 영향을 미쳤음을 나타내는 것이라 추측된다. 웁살라대학의 케니그손 교수는 고향인 스웨덴 남부의 욀란드섬에서 자연 식생에 대한 인류의 영향을 자세하게 조사했다. 이 섬에는 약 2,000년 전부터 사람들이 살기 시작하여 주로 농경을 통하여 자연이 파괴되어 간 과정을 꽃가루 분석으로 규명했다.

일본의 홀로세 기후 변화

그럼 일본은 어떻게 되었을까? 필자는 호쿠리쿠 지방을 중심으로 꽃가루 화석을 이용하여 과거 1만 년간의 기후 변화를 조사했다.

최종 빙기 후의 만빙기(1만 5,000년~1만 년 전)에는 스칸디나비아반도에서 바이크젤 빙상이 아직 충분히 북쪽으로 후퇴하지 못한 시대였다. 당시 일본의 홋카이도는 아한대 북부 같은 기후였다. 그리하여 도호쿠 지방은 아한대림의 주요 수목인 가문비나무류, 전나무류 외에 자작나무류도 조금씩 볼 수 있으며, 자작나무류와 갈참나무류 등 이른바 낙엽활엽수가 혼입되는 비율은 남쪽일수록 높았다. 이 시대는 호쿠리쿠 지방 기후는 그림 3-36처럼 G, F, E의 3기로 세분된다. G기에는 너도밤나무와 전나무류가, F기에는 개암나무류, 진달래류, 너도밤나무가, 그리고 E기에는 너도밤나무, 전나무류, 자작나무가 각각 우점했다. 즉 G기→F기→E기로 시간이 경과함과 더불어 기후는 한랭→냉량→한랭이라는 일련의 기후 변화가 인정된다.

F기는 유럽에서 말하는 알레뢰드기(약 1만 1,800~1만 1,000년 전)에 대비될 가능성이 있는데 절대연대 측정이 실시되지 않았고, 다른 한편 미국의 고기후학자들은 알레뢰드기의 온난 기후가 북유럽의 국지적인 현상에 지나지 않고, 다른 지역은 반드시 온난하지는 않았다는 의견도 있다. 만빙기의 도카이(東海) 지방에서는 너도밤나무류, 갈참나무류가, 오사카 부근에서는 소나무류가 우점종이었고 갈참나무류 등의 낙엽활엽수를 수반했다. 규슈에서는 소나무류가 우점하고, 다소 늦게 낙엽활엽수가 우점한 것 같다.

조몬 초기 전반(1만~8,000년 전)은 증온기(增溫期)에 해당하며, 홋카이도와 도호쿠 지방의 저지에서는 자작나무류가 우점하고, 갈참나무류 같은 낙엽활엽수가 점차 넓게 분포해 갔다. 서부 일본에서는 갈참나무류 외에 팽나무류, 너도밤나무류를 수반하게 되었다. 호쿠리쿠 지방에서는

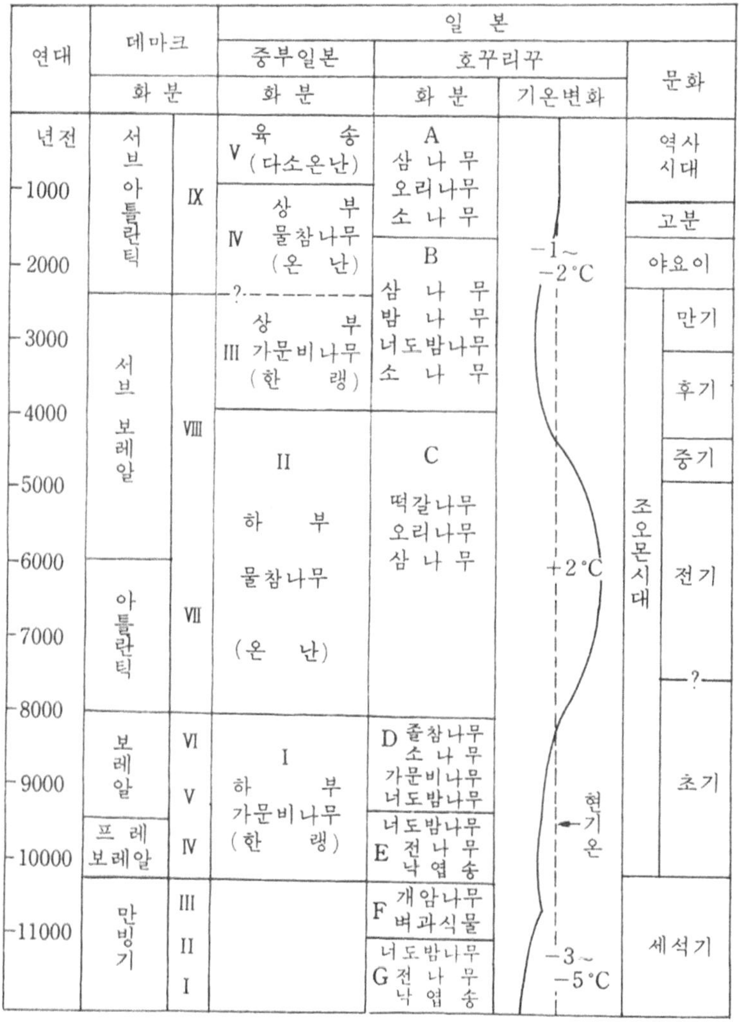

연대	데마크		일본			
			중부일본	호꾸리꾸		문화
	화분		화분	화분	기온변화	
년전 -1000 -2000	서브아틀란틱	IX	V 육송 (다소온난) IV 상부 물참나무 (온난)	A 삼나무 오리나무 소나무	-1~-2°C	역사시대 고분 야요이
-3000 -4000	서브보레알	VIII	? III 상부 가문비나무 (한랭)	B 삼나무 밤나무 너도밤나무 소나무		조오몬시대: 만기, 후기
-5000 -6000 -7000	아틀란틱	VII	II 하부 물참나무 (온난)	C 떡갈나무 오리나무 삼나무	+2°C	조오몬시대: 중기, 전기 ?
-8000 -9000	보레알	VI V	I 하부 가문비나무 (한랭)	D 졸참나무 소나무 가문비나무 너도밤나무	현기온	조오몬시대: 초기
-10000	프레보레알	IV		E 너도밤나무 전나무 낙엽송		
-11000	만빙기	III II I		F 개암나무 벼과식물 G 너도밤나무 전나무 낙엽송	-3~-5°C	세석기

그림 3-36 | 일본 중부산지(堀正一) 및 호쿠리쿠 지방(藤)에서 후빙기 기후 변화.

갈참나무류를 중심으로 너도밤나무, 가문비나무류가 다소 수반되는 식생이 되었다(D기). D기는 기후적으로 보아 한랭한 E기로부터 온난한 C기로의 변천기라고 생각된다. 당시의 연평균 기온은 식생이 보여 주는 것같이 다소 저온이었다.

조몬 초기 후반~중기 전반(약 8,000~4,000년 전)은 지금보다도 온난한 시대였다. 홋카이도에서는 자작나무류를 대신하여 갈참나무, 느릅나무, 너도밤나무류가 증가했고, 도호쿠 지방에서는 너도밤나무류보다도 갈참나무, 느티나무, 오리나무, 호도나무 등의 낙엽활엽수가 많아졌고, 해안에 연한 평야에서는 상록활엽수도 의당 분포되었다고 생각되는데 꽃가루 분석에서는 확인되지 않았다. 호쿠리쿠 지방에서는 낙엽활엽수와 상록활엽수의 혼교림이었고, 습윤한 저산~중산급 산에는 삼나무가 상당히 광범위하게 분포되었다(C기). 서부 일본에서는 갈참나무류, 느티나무 대신 떡갈나무, 구실잣밤나무 등의 상록활엽수가 증가했다.

이 시기는 이른바 기후최적기(氣候最適期)라고 하며 홀로세의 약 1만 년 동안에 가장 연평균 기온이 높았고, 호쿠리쿠 지방에서는 2℃ 정도 높았던 것 같다. 따라서 삼림 한계도 현재보다 200~300m나 높았었다. 동남아시아 북부의 고산지대로부터 중국을 거쳐 일본 열도에 이르는 지역은, 이른바 조엽수림문화(照葉樹林文化)를 배태할 만한 식물 경관이었고, 일본 조몬 문화나 야요이(弥生) 문화는 이러한 식생 중에서 발전되었다.

또 하나 빠트릴 수 없는 이 시기의 자연환경 변화는 해수면의 변동이다. 당시 일본의 해수면은 지금보다 5m 정도 높았다. 이것은 조몬 전기 이후 고훈(古墳) 시대까지의 선사시대인의 생활에 극히 중요한 자연 조건이었음을 잊어서는 안 된다.

조몬 중기 후반~야요이 시대 말(약 4,000~1,500년 전)은 냉량했다. 홋카이도에서도 그 앞 시기의 우점종이었던 오리나무류에 대신하여 자작나무류나 아한대성 침엽수인 가문비나무류, 전나무류가 증가했다. 도호쿠 지방에서는 갈참나무류에 대신하여 너도밤나무류가 우세하게 되고, 전나무류, 솔송나무, 자작나무류가 증가했다. 호쿠리쿠 지방에서는 너도밤나무와 상록활엽수가 일부 지구에서 혼교하기도 했다. 또 호쿠리쿠 전역에 걸쳐 삼나무가 많아졌다. 이것이 인위적 영향이었음은 부정하지 못하는데 기본적으로는 기후가 냉량화했기 때문이라 생각된다. 도야마현(富山県) 우오즈(魚津) 매몰림이나 가나자와(金沢)시 교외의 타목 매몰림(打木埋沒林)은 이 시기에 분포했음이 고고학적으로도, 탄소 연대 측정에 의해서도 확인되었다. 한랭계의 조릅나물이 호쿠리쿠 지방의 평지에도 널리 분포했음을 필자 등이 씨 화석 연구로 확인했다.

당시 서부 일본에서는 떡갈나무, 구실잣밤나무 등의 상록활엽수가 감소하고 그에 대신하여 팽나무와 푸조나무가, 곳에 따라서는 전나무류나 솔송나무류도 증가했다. 당시의 연평균 기온은 지금보다도 1~1.5℃ 정도 낮았다.

고훈 시대 이후는 다소 한란의 변화가 있었음이 고문서에도 기록되었는데 대략 2℃ 이내의 작은 변동이었고, 이른바 소빙기라고 불릴 정도의 기후 변화였다. 호쿠리쿠 지방의 해안 저지에서는 벼과, 삼나무, 오리나무류, 소나무가 우점하고, 상록활엽수인 떡갈나무류가 증가했는데, 기본적으로는 목본류의 꽃가루는 감소하고 벼과, 국화과, 난과, 마디풀과의 꽃가루나 홀씨가 증가했다. 이렇게 초본류 꽃가루나 홀씨가 증가한 현상은 이미 야요이 시대가 시작되었고, 선사시대 사람들이 자연에 작용했음을 뜻한다. 그러나 앞의 야요이 시대와 비교하여 고훈 시대는 다소 온난화된 것 같다.

이상과 같이 과거 1만 년간의 일본의 기후 변화는 앞에서 얘기한 북유럽 여러 나라의 기후 변화와 대체적으로 비슷하다. 따라서 이러한 기후 변화는 전 지구적이었다.

도작문화와 기후와 해수면 변화

그런데 일본의 기후 변화 중에서 문화 발전과 관련하여 흥미로운 자연현상은 조몬 말부터 야요이 시대에 걸쳐 지금보다 1.5℃나 저온이었다는 사실이다.

이 시대는 도작농경문화(稻作農耕文化)가 일본에 도래한 시기였다. 남방이 원산지인 벼가 현재보다 냉량한 시기에, 더욱이 북방에 있던 일본에 도래했다는 데에 흥미의 중심이 있다. 이 직전인 조몬 전기경에는 현재보다 온난했기 때문에 서부 일본에는 상록활엽수가 분포하여, 호쿠리쿠 지방에서도 상록활엽수가 주가 되고 낙엽활엽수가 혼교하여 오늘날의 호쿠리쿠에 남은 조엽수림이 발달했다. 그리하여 거기에는 떡갈나무류, 구실잣밤나무류, 호도나무, 너도밤나무류, 갈참나무류의 씨 등 조몬 시대 사람들에게 중요한 식량자원이 비교적 풍부했던 것 같다. 즉 조몬 후기부터 야요이 시대에는 냉량화했기 때문에 식량자원도 필연적으로 감소했다. 이것은 자연에 크게 의존했던 원사시대 사람들에게는 생존에 관련되는 가장 중요한 문제였을 것이다.

이제 1급 위해를 해결하는 한 방책으로서 대륙의 화북(華北)~화남(華南)으로부터 일련의 도작 농경 기술을 가진 사람들이 동지나해를 거쳐 들어오는 것을 적극적으로 받아들였다. 이미 일본에는 수용 체제가 갖추어져 있었다. 즉 당시 일본은 도작 농경 기술과 문화를 받아들이기 쉬운 객관적 체제가 자연에서의 채집 경제에 위기감을 느끼는 냉량 지역에서는 이미 갖추어 있었고, 도작 농경 기술의 수용은 다른 지방 이상으로 필요했을 것이다.

또 당시 자연환경을 생각하는 경우에 잊어서는 안 되는 사실이 홀로세에 일어난 해수면의 높이 변화와 그에 수반하는 해안선의 위치변화이다. 해수면의 높이는 기후가 온난하던 조몬 전기에는 높았고, 조몬 후기~야요이 시대에는 현재보다 1~2m가 저하했다. 즉 조몬 전기의 해진기에 해저였거나, 호수나 갯벌이었던 곳이 그 후의 해수면 저하(해퇴; 海退)에 의해 육지화했다. 육지화한 당초는 벼과, 국화과, 방동사니과 등의 초본류와 관목이 우점했다. 강변과 호수와 갯벌 근처에는 오리나무류, 버들류, 벼과 식물이 생육했다. 그것은 인류가 농경을 시작하여 자연 식생에 영향을 미쳤을 뿐만 아니라 해퇴에 수반하여 저습 지가 확대된 고지리의 변화에도 먼 원인이 있었다.

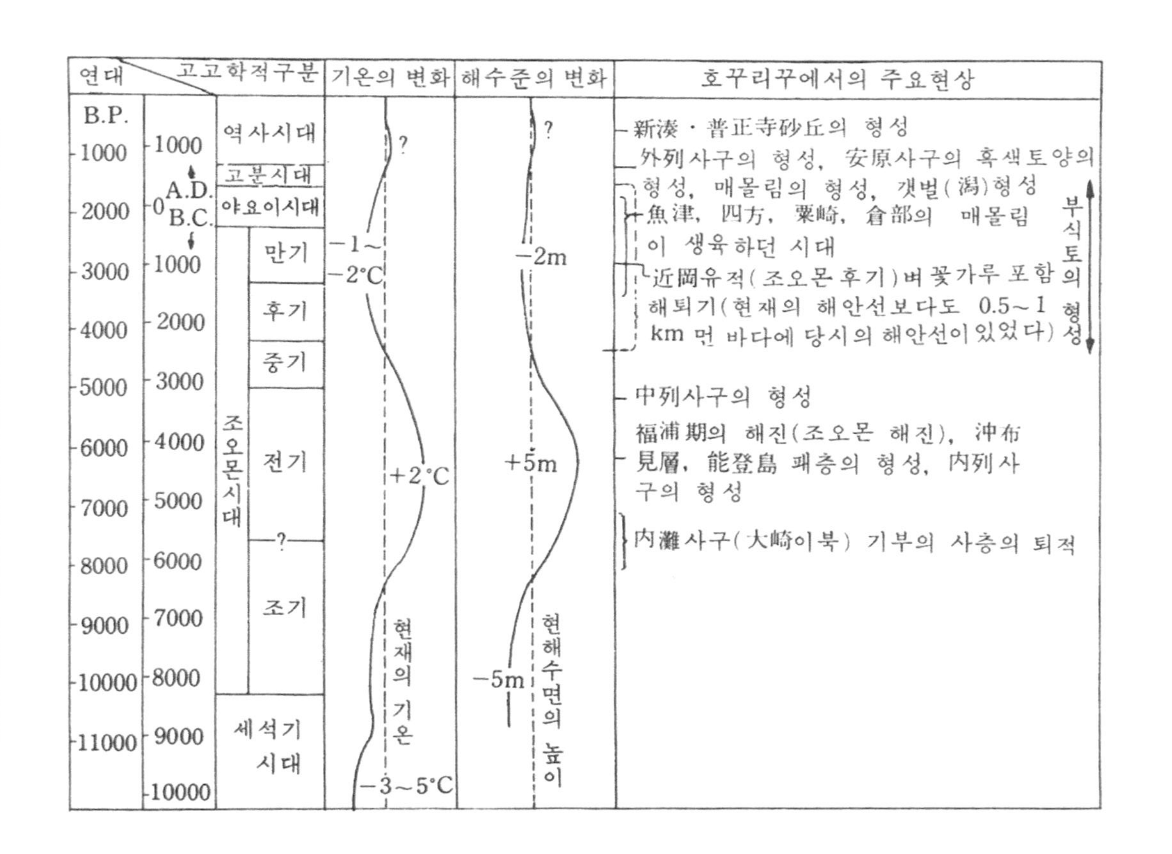

그림 3-37 | 호쿠리쿠에서의 홀로세사의 개요를 나타내는 그림(藤, 1971)

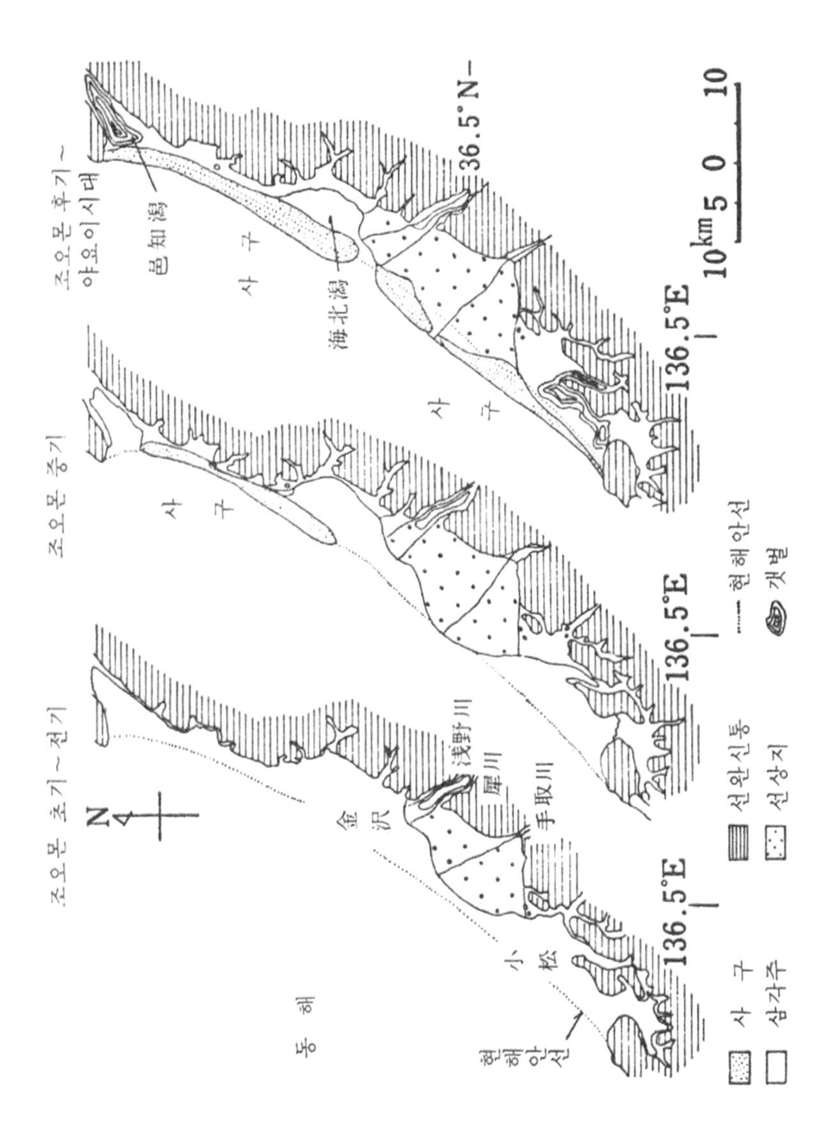

그림 3-38 | 홀로세 각기에 있어 가나자와 평야의 고지리도(藤, 1971)

이상과 같은 이유로 조몬 말로부터 야요이 시대는 기후의 냉량화와 해퇴에 수반하는 저습지의 확대화가 겹친 시기였다. 그러한 자연환경의 변천이 대륙부터 들어온 도작 농경 기술을 쉽게 받아들였다고 필자는 생각한다.

기후 변화는 왜 일어나는가

갖가지 가설

나날의 날씨나 사계절의 기온 변화라면 몰라도 연평균 기온이 5℃ 이상이나 차가 생기는 빙기가 왜 일어나는가 하는 문제는 지금까지 세계의 지질학자나 지구물리학자의 관심을 사로잡는 기상학상의 큰 문제였다. 그리고 그 원인을 설명하기 위해 많은 가설이 지금까지 제창되었다. 기후 변화는 지구 전체, 아니 우주 행성으로서의 지구라는 관점에서 고찰되어야 할 문제이므로 가설도 다종다양했다.

결론을 먼저 얘기한다면 솔직히 말해 어느 가설이 옳다고 지금으로서는 말할 수 없는 실정이다. 그러므로 오늘날 필자도 포함하여 세계의 많은 학자가 혈안이 되어 연구하고 있다.

지구의 기상은 기본적으로는 대기의 순환에 바탕을 두므로 이 순환에 영향을 주는 요인이 기후를 변화시키는 원인이 된다고 말할 수 있다. 그 요인은 크게 둘로 나눠진다. 그중 하나는 지구 자체에 원인이 있다는 생각(내인설)이며, 다른 하나는 지구 이외, 특히 태양에 원인이 있다고 하는 생각(외인설)이 있다.

먼저 내인설인데, 여기에는 대기오염, 해양오염 등 이른바 인위적 원인도 있는데 현재로는 그 규모가 작고 또 최근에 일어난 사건이므로 수만 년 전의 기후 변화를 생각하는 경우에는 일단 도외시하여도 되므로 여기서는 자연적 원인만을 생각하겠다.

자연적 원인에는 해수 온도 변화, 조산운동(지각의 융기), 화산활동, 대기조성 변화, 극이동(대륙이동설을 포함하여), 빙관(氷冠)의 성장에 의한 기온 경도 증가설, 밀란코비치 등이 주장하는 천문학적 원인설, 지자기쇠약설 등이 있다. 이들 여러 학설 외에 최근 특히 중요시되고 있는 것은 대규모 해수 온도 변화이다. 5년 정도의 간격으로 일어나는 기후 변화는 이에 기인한다고 하는데 그것은 빙기의 원인은 아닌 것 같다.

조산운동 기인론

조산운동에 의해 큰 산맥이 생기면 대기의 순환도 변하여 빙상과 빙하가 확대되는 데 영향을 미친다. 최후의 빙기에 빙상이나 빙하가 발달한 지역은 모두 산맥이 가로막혀 있어서 축축한 대기의 흐름이 변화되는 데 영향을 주었다고 한다.

예를 들면 2만 년 전의 최종 빙기인 위스콘신 빙기에 북아메리카는 빙하가 북위 38°까지 남하했다. 그런데 시베리아~중국에는 대규모의 빙하나 빙상이 발달하지 않았다. 그것은 시베리아가 북아메리카보다 온난했기 때문이 아니었다. 시베리아로 몰아치는 바람은 아프리카 북부, 아랍 부근에서부터 불어와 세계의 지붕 히말라야 등 산맥의 장벽에 부딪혀 북으로 방향이 바뀌는 편서풍이었기 때문이다. 그런데 이 바람은 바다를 지나지 않았기 때문에 빙설의 원천이 되는 수증기를 충분히 흡수하지 않고 시베리아에 도달한다. 그 때문에 시베리아에서는 빙하나 빙상이 발달하지 않았다. 그런데 그린란드, 스칸디나비아반도, 북아메리카에서는 바람이 북대서양과 북태평양에서 습기를 충분히 머금고 북유럽이나 북아메리카 산악지에 도달하기 때문에 강설량이 막대하여 시베리아와 비교할 바가 아니었다.

2만 년 전 빙기의 시베리아, 북아메리카, 북유럽의 빙하 규모는 이렇게 설명한다. 이 학설은 오늘날 지역 사이의 빙하 규모의 차이를 설명하는 데도 부합된다고 생각된다. 또 조산운동에 수반하여 극지방에서 육지가 확대되는 것도 빙상 확대의 원인이 된다.

극과 대륙의 이동이 원인

극의 이동과 대륙의 이동에 따라 한랭지의 대륙이 확대되면 빙상의 확대화가 추진될 것이다. 이것은 현재 남극의 빙상이 남반구의 냉량화에 관계가 있는 것을 보면 이해하기 충분할 것이다.

화산회 원인설

화산활동이 빙기의 원인이 된다는 학설은 잘 인용되는 학설의 하나이다. 화산활동에 수반되는 화산 미진이 성층권까지 날아올라 장기간에 걸쳐 체공하기 때문에 태양복사열이 감소한다는 것이다. 만일 복사열이 10% 감소하면 지구 대기의 기온은 6.13℃나 떨어진다고 한다. 헌프리즈는 1758년부터 1905년까지의 세계 이상 기상을 이런 관점에서 설명했다. 그러나 일본 열도에서는 제4기보다도 더 오래된 신 제3기가 녹색 응회암(綠色凝灰岩) 시대라고 불릴 정도로 화산활동이 격심했던 시대였다. 그러나 이 시대 일본이 오히려 지금보다도 온난했다는 것은 화석에 의해서도 증명되므로 긴 지질시대를 통해 몇 번씩 일어났던 빙기의 여러 현상을 화산 미진만으로 설명하는 데는 난점이 있는 것 같다.

빙관에 의한 기온 경도설

브룩스가 주장하는 빙관이 성장함에 따른 기온 경도 증가설에 의하면 빙기에는 위도에 따라 기온 경도가 큰 차이가 나고, 따라서 극지방에 일단 빙상이 형성되면 극과 적도 사이에서는 기온 경도가 더욱 커져 대기의 순환이 촉진되고 수증기량이 불어나기 때문에 빙상이 확대된다. 그 결과가 새로운 원인이 되어 빙상은 점차 확대된다고 한다. 그러나 이 학설로는 왜 빙기와 간빙기가 되풀이하여 지구를 내습했는가를 설명하지 못한다.

밀란코비치의 천문학설

앞에서 얘기한 내인설 중에서 밀란코비치의 이론이 한랭 기후가 발생하는 원인을 풀기 위해 제일 잘 인용된다. 이미 자세히 설명한 대로 황도의 경사나 공전주기의 이심률 등이 주기적으로 변화하기 때문에 일사량이 변화한다는 생각이다. 그는 이 이론을 사용하여 위도 25~75° 지대

일사량의 정밀한 변화를 과거 60만 년간에 걸쳐 계산했다. 그 결과 북위 65° 부근에서 여름 기온이 조금만 저하해도 빙기가 시작된다고 결론을 내렸다. 그의 변화 곡선은 당시 지질학자들이 발표한 제4기 빙기와 시기적으로 잘 일치했기 때문에 일약 세계의 시선을 끌었다.

지구자기장이 약해지면 추워진다

이 책의 집필자의 한 사람인 오사카대학의 가와이 교수는 최근 흥미로운 학설, 즉 지자기쇠약설을 제창했다. 가와이 교수는 지자기력이 약해지면 지구 밖으로부터 우주선이나 양성자가 대기권에 더 많이 날아와 대기상태를 변화시키기 때문에 끝내는 한랭해진다고 주장했다. 이 학설에 대해서는 나중에 자세히 얘기하겠다.

다음으로 외인설에 대해 얘기하겠다. 외인 중에서 지구의 기후와 가장 관계가 깊은 것은 다름 아닌 태양 활동이다. 태양으로부터 '복사'와 '대전립입자류(帶電粒粒子流)(대양풍)'에 의한 영향이 생각된다. 먼저 복사에 대해 알아보자.

태양복사 변화설

심프슨이 주장한 태양복사 변화설은 많은 학자의 상식과는 반대로 태양복사열의 증대와 빙기의 발생을 결부시킨 데 특징이 있다. 태양복사열이 증대하면 극과 적도 지방의 기온 경도가 커진다. 그 때문에 대기 순환이 촉진되어 구름과 강수량이 증가하여 빙기가 된다. 그러나 복사열이 어느 정도에 이르면 얼음이 녹아서 간빙기가 된다고 한다.

태양으로부터의 에너지는 대부분 가시광선이 가지고 있다. 그러나 실제 태양흑점의 상대 수가 20~200까지 변화해도 가시광선이 미치는 영향은 겨우 0.5%이다. 태양 활동에 관계된다고 하는 태양흑점수의 변화와 같은 정도로 자외선 부분도 변화한다. 이 부분은 파장이 짧고, 대기 상층부에서 전리 활동을 한다. 이런 이유로 전리층의 세기가 태양으로부터의 자외선의 세기와 잘 대응한다는 것이 알려져 있다. 그러므로 만일 태양 활동이 기후에 영향을 준다고 하면 그것은 전리층이 변화해도 일어날 것이다. 그림 3-39는 1958년부터 1963년까지 월평균 상대 흑점 수와 월평균 기온의 편차를 비교한 킹 박사의 연구 결과이다. 이를 보면 0.3°~0.5℃의 진폭으로 진동하면서 점차 저하한다. 흑점 상대수의 독립된 변화 값이 월평균 기온과 세부적으로 잘 대응한다.

대전 입자류설

태양으로부터 '대전 입자설'이 어떤 영향을 주는지 알아보자. 본래 지구자기장은 기후 변화에는 영향을 주지 않는다고 생각되었는데 최근 킹 박사가 이에 관해 연구했고 영향을 끼친다는 사실을 밝혀냈다. 그림 3-41에 보이는 것같이 북반구의 자기장 강도를 나타내는 분포와 잘 대응한다. 또한 지자기형이 서진함에 따라 기압 배치도 서진하고, 따라서 기

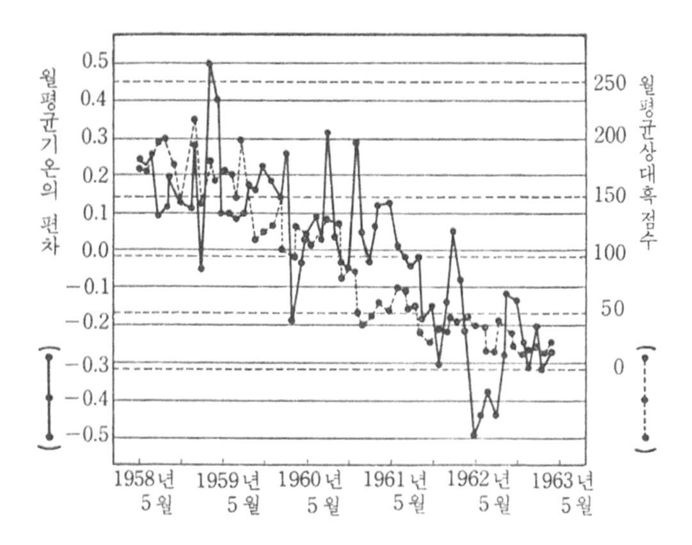

그림 3-39 | 슈탈과 올트가 계산한 북반구 평균기온의 하강 경향을 12개월의 이동평균을 곱한 흑점 상대수와 대비시킨 그림(킹, 1973).

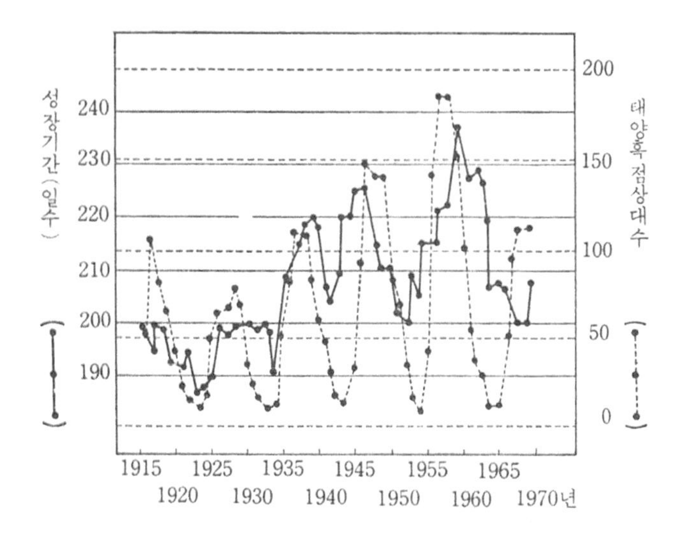

그림 3-40 | 엑스데르뮤아(55°N, 30°W)의 작물 성장 기간(>5.6℃의 일수)과 태양흑점과의 대비(根本, 1974).

후도 달라진다는 주장이다.

킹 박사의 연구에 의하면 태양풍이 기후와 밀접한 관계가 있다고 한다. 예를 들면 지중해 주변의 뇌우는 태양면에서의 폭발이 일어난 3~4일 후에 극댓값에 달한다고 하며, 또 대기 상층부에 널리 분포하는 오존의 분포가 지자기의 강도와 대응 관계를 나타나는 데서 대전 입자의 흐름이 영향을 미칠 것이라고 생각했다. 대전 입자의 흐름이 지구 상층 대기 중의 수증기에 작용하여 OH 분자가 형성되는데 이 OH 분자가 오존 O_3에 작용하여 오존을 파괴하면 오존이 감소하므로 권계면(圈界面)이 현재보다도 상승하여 대기권의 순환에 이상이 생기기 때문에 기후 변화가 일어난다고 한다. 그러나 이 이론은 현재로서는 실증되지 않았으며 앞으로 연구해야 할 과제이다.

이상과 같이 기후 변화를 일으킬 가능성이 있는 요인을 하나하나 검토해 보면 모두 그럴듯하지만, 어느 정도 기후 변화에 관여되는지는 아직 잘 모른다. 내인적인 요소는 긴 지질시대에 되풀이하여 찾아온 빙기의 원인을 충분히 설명하지 못하는 것 같다. 이에 대하여 외인적 요소는 기후 변화의 본질을 파고드는 몇 가지 현상을 포함하는 것같이 생각된다.

필자는 지구의 기후 변화는 외인적 요소가 바탕이 되고, 내인적 요소가 복합적으로 부가됨으로써 기후 변화의 규모에 정도 차가 생긴다고 생각한다. 외인적 요소가 기본이 되므로 기후 변화에,주기성이 생기며, 내인적 요소가 부가되기 때문에 한랭기 기후 변화에 그 규모 차가 있다고 생각한다.

이 장에서는 지구의 과거 200만 년에 걸친 기후 변동을 알아보았다. 다음 장에서는 지구의 과거 기온 변화를 지구화학 입장에서 알아보자.

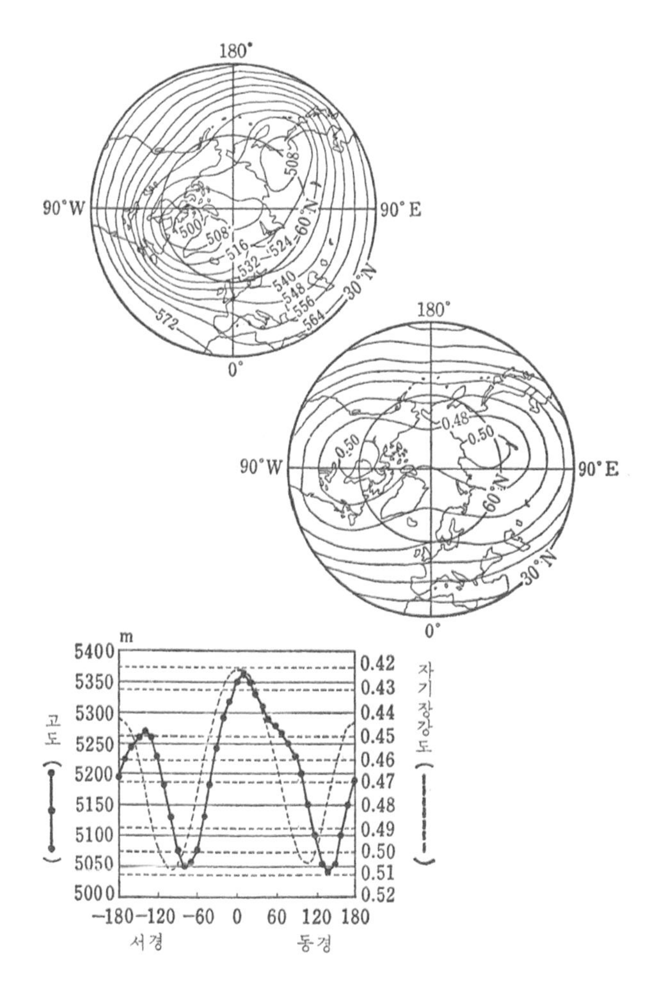

그림 3-41 | 북반구에서 1월의 500mb의 평균일기도(위)와 지구자기장의 강도 분포(가운데) 및 북위 60°에서 500mb의 고도와 지구자기장 강도와의 대응(아래)(킹, 1974).

제4장

과거의 기후 변화를 살핀다

나고야대학 교수
나카이 노부유키

안정 동위원소

천연물질을 구성하는 모든 원소(플루오린을 제외하고)는 설사 같은 원소라도 원자량이 다른 원소가 2종 이상 포함된다. 이렇게 무게가 다른 원자를 동위원소라고 한다. 동위원소 중에는 방사능을 내고 다른 원소로 변하는 방사성 동위원소와 방사능을 내지 않는 문자 그대로 안정한 안정 동위원소의 2종이 존재한다.

원소주기율표의 한 자리에는 1개의 원자 종만이 들어간다고 알았는데 사실은 한 자리에는 원자량이 다른 많은 동위원소가 붐빈다.

동위원소의 존재가 처음으로 확인된 것은 방사성 동위원소인 이오늄(오늘날 ^{230}Th) 이다. 1906년 볼트우드는 이오늄이 토륨과 화학적 성질이 같다는 것을 알아냈다. 이어 1912년 톰슨은 양극선 분석장치를 사용하여 원자량이 20과 22가 되는 2종의 네온 안정 동위원소가 존재하는 것을 밝혔다. 그 후 영국의 애스튼, 시카고대학의 뎀프스터 등이 질량분석장치를 개발하자 갖가지 원소에 안정 동위원소가 존재한다는 사실뿐만 아니라 존재 비까지 알게 되었다. 특히 니어와 맥키니에 의해 개량된 질량분석계는 1950년 이후 안정 동위원소 비의 측정 정밀도를 대단히 높이고 동위원소지학이라는 연구 분야가 태어나는 계기를 만들었다.

지구에는 여러 가지 동위원소가 존재하는 것이 알려져 그 측정 기술도 급속한 진보를 이루었다. 그리고 과거에 여러 가지 조건에서 생긴 암석과 광물, 또는 화석에 포함된 동위원소 중에서 방사성 동위원소의 존재가 우리에게 지구의 시계로 사용됨을 가르쳐 주었고, 또 안정 동위원소는 과거의 온도계로 사용될 수 있음을 가르쳐 주었다.

이렇게 하여 19세기 말부터 20세기 초에 걸친 동위원소 발견은 우리에게 지구의 과거를 펼치는 유력한 수단이 됐다.

안정한 동위원소는 온도의 척도

가령 물(H_2O)은 수소와 산소로 구성되었는데 그 수소의 동위원소는 원자량이 1인 H와 원자량이 2의 D가 있고, 천연에서는 그 존재 비가 대략 H:D=99.9844:0.0156이다.

산소는 원자량이 16, 17, 18(^{16}O, ^{17}O, ^{18}O로 나타낸다)이 되는 3종의 안정 동위원소가 있고, 천연에서는 대략 ^{16}O:^{17}O:^{18}O =99.758:0.0373:0.2039의 비율로 존재한다.

또 바닷물에서 생육한 유공충의 껍질이나 종유석의 성분인 탄산칼슘($CaCO_3$) 속에 포함되는 탄소와 산소에도 안정 동위원소가 몇 가지 존재한다. 탄소는 원자량이 12와 13(^{12}C, ^{13}C)인 2종의 안정 동위원소가 있다. 그리고 천연에서는 대략 ^{12}C:^{13}C=98.892:1.108의 비율로 존재한다.

이 안정 동위원소 비는 질량분석계를 사용하여 측정된다. D/H, $^{18}O/^{16}O$, $^{13}C/^{12}C$의 절대 비보다도 어떤 표준물질의 비로부터 시료의 비가 차이를 나타내는 것을 측정하는 쪽이 보다 나은 정밀도가 얻어진다. 그래서 표준물질의 비의 차이는 각각 δD, $\delta^{18}O$, $\delta^{13}C$으로 표시된다.

$$\delta^{18}O(\text{또는 } \delta D, \delta^{13}C) = \frac{(R)\text{시료} - (R)\text{표준물질}}{(R)\text{표준물질}} \times 1,000$$

이 식에서 R은 D/H, $^{18}O/^{16}O$ 또는 $^{13}C/^{12}C$를 나타내고, δ의 단위는 ‰

		핵외전자수 (원자번호)	원 자 핵		질량수
			양성자수	중성자수	
수 소	H	1	1	0	1
	D	1	1	1	2
탄 소	^{12}C	6	6	6	12
	^{13}C	6	6	7	13
산 소	^{16}O	8	8	8	16
	^{17}O	8	8	9	17
	^{18}O	8	8	10	18

표 4-1 | 동위원소의 원자구조

그림 4-1 | 안정 동위원소 비 측정용 질량분석계

(퍼밀)이다. 이 δ의 값이 플러스로 클수록 표준물질에 비해 무거운 동위원소가 시료에 농축되어 있고, 거꾸로 마이너스가 될수록 가벼운 동위원소가 농축되었다는 것을 나타낸다. 이러한 동위원소의 조성을 논의하는 경우 세계 공통이 되는 표준물질을 정해둘 필요가 있다. 그 표준물질로서는

수소 …… 표준해수의 수소(SMOW 표준)

산소 …… 표준해수의 산소(SMOW 표준)

또는 미국 사우스캐롤라이나주의 백악기 지층에서 산출한 탄산칼슘 화석 Belemnitella americana의 산소(PDB 표준)

탄소 …… 산소와 같은 화석의 탄소(PDB표준)

이 사용된다.

먼저 천연에 있는 안정 동위원소의 존재 비율을 얘기했는데 그때 그 비율을 대략적으로 표현했다. 그 이유는 천연에서 물질이 갖가지 변화를 받으면 동위원소 비는 근소하지만 변동하기 때문이다. 존재 비가 변동하는 원인은 확산, 증발, 응축, 결정, 승화, 용해, 침전 같은 물리적 변화에 의한 것과 화학반응이나 동위원소 교환반응 등 화학적 변화 과정에 의한 것이 있다.

화학반응에서는 설사 같은 화학물이라도 가벼운 동위원소를 포함하는 분자는 무거운 동위원소를 포함하는 분자보다 운동하기 쉬우므로 가벼운 분자는 증발, 확산, 승화, 용해되기 쉽게 된다.

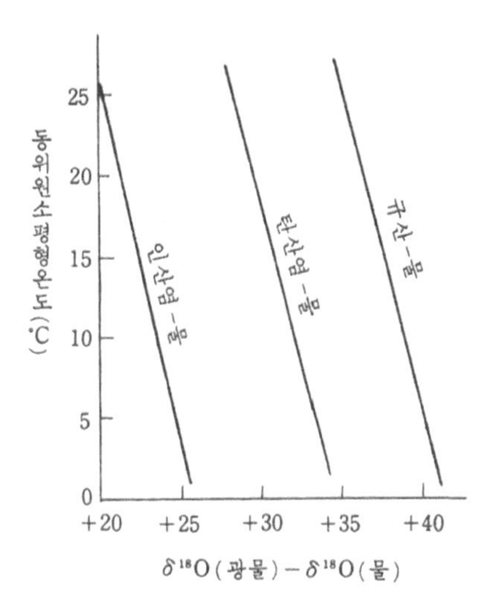

그림 4-2 | (산소를 포함하는 화합물)-(물) 간의 산소 동위원소 비의 차와 온도의 관계.

동위원소 교환반응에서 반응물질과 생성물질이 있는 경우 분자량이 크고 복잡한 화합물 쪽에 무거운 동위원소가 농축되는 성질을 갖는다. 이 교환반응은 반응함으로써 평형에 도달한다. 그 동위원소 교환평형의 평형 정수(K), 즉 2분자 간의 동위원소 조성의 차이(δA-δB)는 화학평형의 평형 정수와 마찬가지로 온도의 함수이다. 동위원소 조성의 차이는 온도가 낮을수록 커진다(그림 4-2). 평형 정수와 온도의 관계는 경험적으로

$$\ln K = AT^{-2} + BT^{-1} \quad \left(\begin{array}{c} \text{A, B는 정수 T는 절대온도} \\ \text{단, 극저온 이외는 B=O} \end{array} \right)$$

이렇게 2종의 분자가 생성 시에 동위원소 교환평형에 도달하여, 그 후 2차적인 변화가 일어나지 않으면 분자 간의 동위원소 조성 차이로부터 그들이 생성된 당시의 온도를 거꾸로 추산할 수 있다.

퇴적물 속의 유공충에 남겨진 고수온 기록

탄산칼슘으로 껍질을 만드는 조개껍질이나 유공충 등의 산소 동위원소 비를 측정하면 고대 해수 온도를 아는 방법이 있다. 이 방법은 시카고 대학의 유리 교수가 제2차 세계대전이 끝난 지 얼마 안 되어 1947년에 이론적으로 가능하다고 제안했다. 그는 그 무렵 저서에 "나는 갑자기 지질온도계를 구했다"라고 그때의 기쁨을 표현했다.

그 후 유리 일파의 연구자들은 제3장에서도 얘기한 것같이 일정한 산소 동위원소 조성을 가진 바닷물에서 조개를 사육하여 해수 온도와 조개

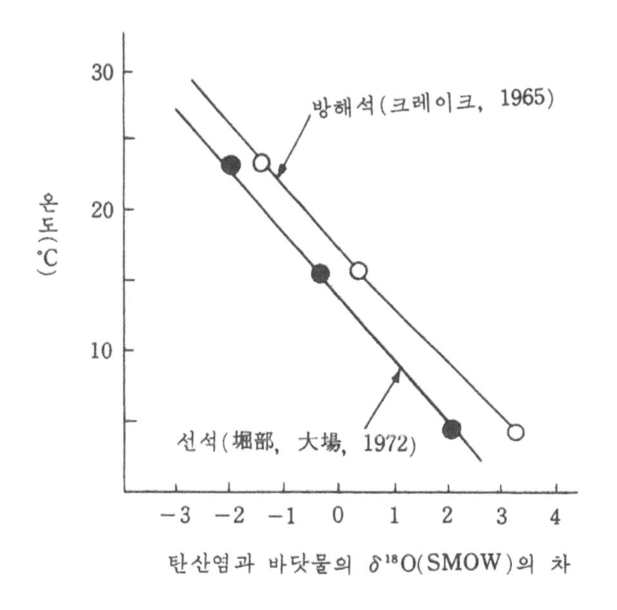

그림 4-3 | 탄산염-바닷물 간의 산소 동위원소 비의 상이와 온도의 관계.

껍질의 $\delta^{18}O$의 관계를 나타내는 온도 눈금을 만들었다. 그리고 1951년 세계 각지의 백악기 지층에서 나온 조개 화석을 써서 처음으로 고대 해수 온도를 추산했다. 이것은 동위원소 지질온도계를 실제 사용한 최초의 업적이었다.

바닷물 속에서도 탄산칼슘으로 된 껍질을 만드는 생물이 자꾸 성장하여 껍질을 만들 때 바닷물 속의 산소와 탄산 중의 탄소 동위원소가 쉽게 교환평형에 도달한다.

$$\frac{1}{3}CaC^{16}O_3 + H_2{}^{18}O \leftrightarrow \frac{1}{3}CaC^{16}O_3 + H_2{}^{16}O$$

이 반응은 평형을 유지하면서 진행되므로 일정 온도에서는 $\delta^{18}O(CaCO_3)$ - $\delta^{18}O(H_2O)$는 그림 4-3처럼 어떤 일정한 값을 취한다. 이런 경우에 생성된 탄산칼슘의 결정형이 방해석인 경우, 즉 어느 지층에서 채집한 화석이 방해석인 경우 다음 식으로 생육 당시의 해수온을 알 수 있다.

$$t(°C) = 16.9 - 4.2\,(\delta^{18}\text{방해석} - \delta^{18}O\text{바닷물}) + 0.13\,(\delta^{18}\text{방해석} - \delta^{18}O\text{바닷물})^2$$

(엡슈타인-크레이크의 식, 1965)

또 결정형이 선석인 경우는 조금 다르다.

$$t(°C) = 13.85 - 4.54\,(\delta^{18}\text{선석} - \delta^{18}O\text{바닷물}) + 0.04\,(\delta^{18}O\text{선석} - \delta^{18}O\text{바닷물})^2$$

(호리베-오오바의 식, 1972)

다만, 여기에는 문제가 있다. 왜냐하면 해저 퇴적물이나 퇴적암 중에서 바닷속에서 생육한 화석을 채집하여 그 $\delta^{18}O$를 측정해도 그 생물의 껍질이 만들어지던 당시의 바닷물을 구하지 못한다는 것이다. 그러나 이런 조개껍질 화석은 기껏 고생대(약 6억 년 전)까지밖에 구하지 못한다. 로우엔슈탐 등이 조개껍질 화석의 칼슘과 스트론튬에 관해 연구한 바로는 고생대 이후 바닷물의 화학조성은 현재와 변함이 없으며, 이로부터 바닷물의 $\delta^{18}O$ 값도 현재의 바닷물과 같다고 가정해도 문제없을 것이다.

최초로 고대 해수 온도를 추정

유리 교수가 제안한 조개껍질 물질의 산소 동위원소 비를 사용하는 지질온도계가 실용화되자 세계의 지질학자와 고생물학자 사이에서 큰 화제를 불러일으켰다. 그리고 1951년 처음으로 고수온이 발표되었다. 유리 교수 등은 미국, 영국, 덴마크의 상부 백악기층(약 1억 년 전)에서 나온 화석, 벨렘나이트, 이매패, 완족류에 대해 고대 해수 온도를 추산했다.

그 결과 지금으로부터 1억 년 전의 해수 온도는 15~16℃였다. 더욱 흥미로운 것은 쥐라기(약 1억 5,000만 년 전)에 현재와 같이 해수 온도에 계절 변화가 있었음이 밝혀졌다. 쥐라기 층에서 나온 벨렘나이트 화석의 개체를 생장선에 따라 $\delta^{18}O$을 측정하여 온도 변화를 조사했더니 그림 4-4에 보인 것같이 추산 온도가 14~20℃였는데 그 온도는 조개의 중심

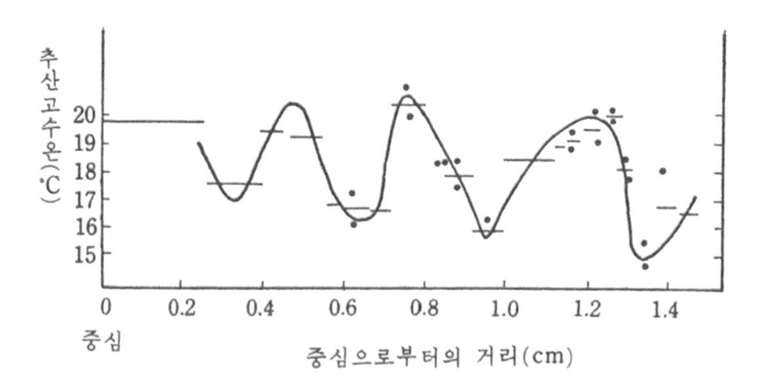

그림 4-4 | 쥐라기의 화석(벨렘나이트)의 산소 동위원소 비로부터 추정한 당시의 해수 온도 (유리, 1951).

으로부터 바깥쪽으로 향해 리드미컬하게 변화하고 있었다. 이것은 해수 온도의 계절 변화 기록이라 하겠고, 여름과 겨울에 약 5℃ 정도의 온도 차가 있었다.

유리들은 이 벨렘나이트가 지금부터 1억 5,000만 년 전에 태어나 네 번의 겨울과 세 번의 여름을 거쳐 4년째 봄에 짧은 일생을 마쳤다는 견해를 발표했다.

고생대의 온도

산소 동위원소 비에 의한 고생대(약 2~6억 년 전)의 해수 온도에 관한 연구는 많지 않다. 그 이유는 수억 년이라는 긴 세월이 경과했기 때문에 풍화, 재결정 또는 다른 원소로 치환되었으므로 최초의 동위원소 비를 보존하는 시료를 얻기 어렵기 때문이다.

많지 않은 연구 중에서 고생대 중기 이전의 지층에서 나온 것은 심하게 변질되어 믿을 만한 온도를 얻을 수 없었다. 오스트레일리아의 데본기(고생대 중기)에서 나온 완족류를 측정한 결과 고수온으로 33.8~50℃라는 높은 온도가 얻어졌다. 그렇다면 그다지 풍화되지 않은 고생대 중기보다 새로운 시대의 믿을 만한 온도를 알아보자.

화석산출국	시 대	사용한 화석	고대해수온도(°C)
미 국	석탄기	완족류	24.7, 28.7, 30.0(1)
오스트레일리아	페름기	이매패	19.4, 21.5, 22.5(2)
오스트레일리아	페름기	이매패	6.5~28.0(3)
오스트레일리아	페름기	완족류	7.7, 17.4~26.0(4)

(1) 로엔슈탐(1961) (2) 도먼 등(1959)
(3) 캄프스톤(1960) (4) 로엔슈탐(1964)

표 4-2 | 산소 동위원소 온도계에 의한 고생대의 해수 온도

표 4-2에 보인 것같이 고생대 후기의 석탄기 기온은 25~30℃로 비교적 일정한 온도를 나타낸다. 그러나 고생대 최종기인 페름기에는 변동 폭이 20℃에 달한다. 그래서 6.5℃와 7.7℃라는 저온값을 제외하면 다른 모든 값은 17℃에서 28℃ 사이가 된다. 이 저온은 고생대의 빙하 때문이라고 생각되며 고생대 말기에도 빙하 활동이 있었음을 시사한다.

중생대의 수온

좀 더 최근인 중생대(6,400만~2억 4,000만 년 이전)의 화석에 대해서는 자신을 갖고 쓸 수 있다. 이 시대의 화석으로서는 특히 벨렘나이트가 사용된다. 왜냐하면 벨렘나이트는 탄산칼슘 껍질이 대단히 딱딱하므로 풍화되기 어렵고 재결정이 됐는가 아닌가도 판별하기 쉽기 때문이다. 그 밖에 벨렘나이트가 지구상의 광범위한 지역에서 산출되는 것도 이용되는 이유 중 하나이다.

이 시대의 고수온에 관한 자료는 막대하고, 추산 온도는 최고 30℃에

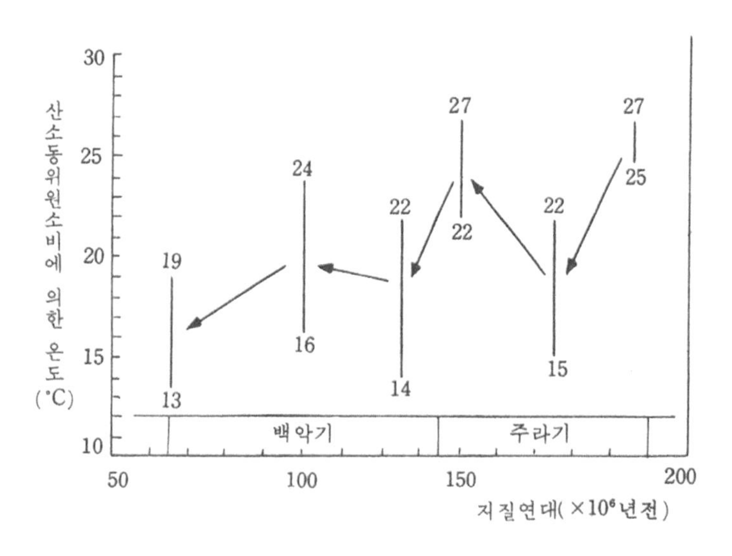

표 4-5 | 중생대(쥐라기, 백악기)의 고대 해수 온도(유럽, 아메리카 대륙, 오스트레일리아, 소련, 인도 등 전세계적 데이터에 의한다. 숫자는 온도의 최곳값 및 최젓값).

서 최저 13℃ 정도 값을 보인다. 이 시대는 초기에서 말기에 걸쳐 온도가 올라갔다 내려갔다 하지만 하강하는 경향을 보이는 것이 특징적이다. 그리고 중생대 말기에는 가장 추운 기후가 되었다.

피츠버그대학의 보웬 교수는 스스로 정력적으로 고수온을 측정하여 저서 『팔레오세의 온도 분석(Paleotemperature Analysis)』에 막대한 자료를 수록했다. 이에 따라 중생대 쥐라기에서 백악기에 걸친 지구의 전체적인 기후를 나타내는 고대 수온은 그림 4-5에 단순화시켜 나타냈다. 그림으로는 세밀하게 표현할 수 없지만, 이 시대 유럽 각지의 고대 수온 값의 변동으로부터 쥐라기~백악기 3,000만 년의 온도 변화 주기를 제창한 사람도 있다.

신생대의 고대 해수 온도

신생대에 들어서면, 심해저 퇴적물 코어 속에서 부유성 유공충화석을 수집하면 고수온을 구할 수 있다. 연대가 비교적 가까운 데다 설사 작은 유공충화석일지라도 그 탄산칼슘으로 된 껍질의 산소 동위원소 조성은 변하지 않고 보존되기 때문이다.

또한 최근 심해저 굴착 기술이 급속히 발달하여 3,000m 이상의 심해에서 수십 m나 되는 긴 퇴적물을 채집하여 과거 기록을 조사할 수 있게 되었기 때문이기도 하다. 이렇게 하여 지구상의 특정 위치에서 5,000만 년이나 거슬러 올라가 연속적으로 고수온 변화를 알 수 있게 되었다.

먼저 제3기(6,400만~200만 년 전)의 기후를 알아보자. 해저 퇴적물 속에서 채집된 부유성 유공충의 산소 동위원소 비로부터 고대 해수온을 계산해 보면 그림 4-7의 (2), (3)에서 보는 것같이 서서히 현대로 향해 하강하는 경향을 나타낸다.

이 그림에서 뉴질랜드의 지층에서 채집한 유공충과 이매패 화석을 사용하여 구한 값은 (1)과 같은 곡선이 된다. 이 세 가지 곡선은 지리적 위치가 다르므로 반드시 일치된 온도를 나타내지 않지만, 세 가지 곡선 사이에는 이 기간을 통한 변화에 공통성이 있다는 것을 보여 준다. 즉 에오세는 고온이었고, 에오세 말기부터 올리고세 초기에 걸쳐 온도가 저하했고, 현재부터 약 3,500만 년 정도 전에는 온도의 극소기가 있었다. 그리고 미

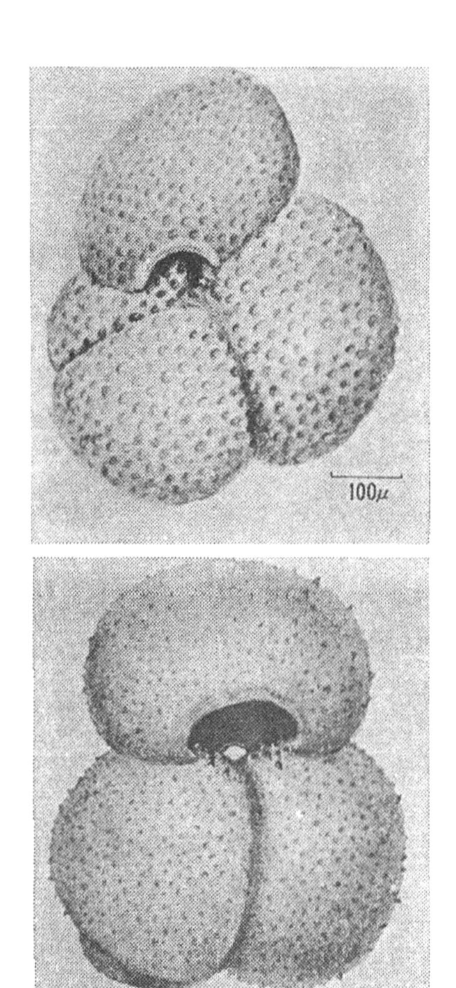

그림 4-6 | 고대 해수온 추정에 사용되는 해양 부유성 유공충 글로비게리노이데스 사카리파(위)와 글로비게노이데스 루바(아래)

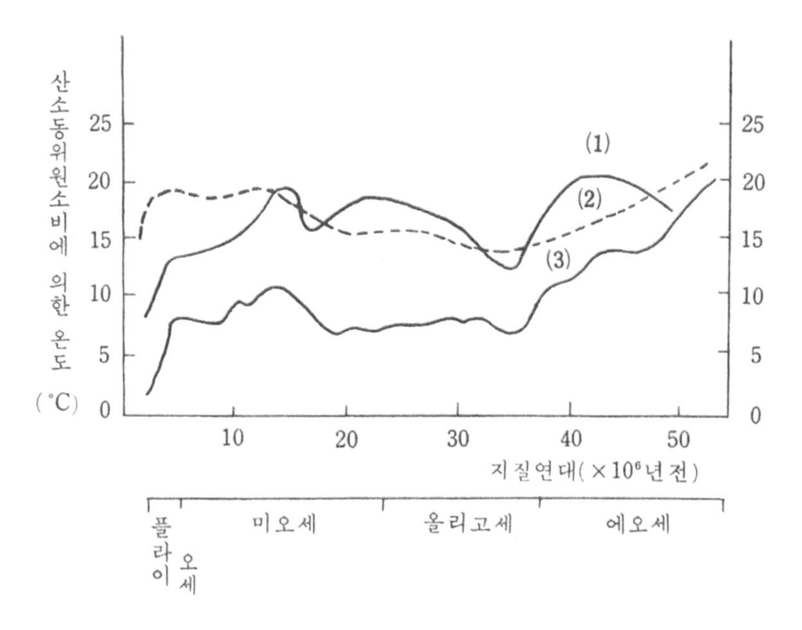

그림 4-7 | 신생대 제3기의 산소 원소 비에 의한 고대 해수 온도. (1) 도블렉스(1967), (2) 다글러스(1971), (3) 섀클튼(1975), 마고리스(1975).

오세 중기에 다시 고온이 되었고, 제3기 말기인 플라이오세에서 제4기 초에 걸쳐 고수온은 급격히 저하했다.

플라이오세와 플라이스토세의 경계 부근부터 드디어 인류시대인 제4기에 들어서는데 그 무렵의 고수온에 대해서는 이탈리아와 뉴질랜드에서 얻은 자료가 있다. 그중에서도 뉴질랜드 지층에서 채집된 유공충을 사용한 결과는 특히 흥미로웠다. 이 연구에서는 유공충을 천해에 사는 것과 심해에 사는 것으로 나눠 당시의 표면 수온과 해저 수온을 구했다.

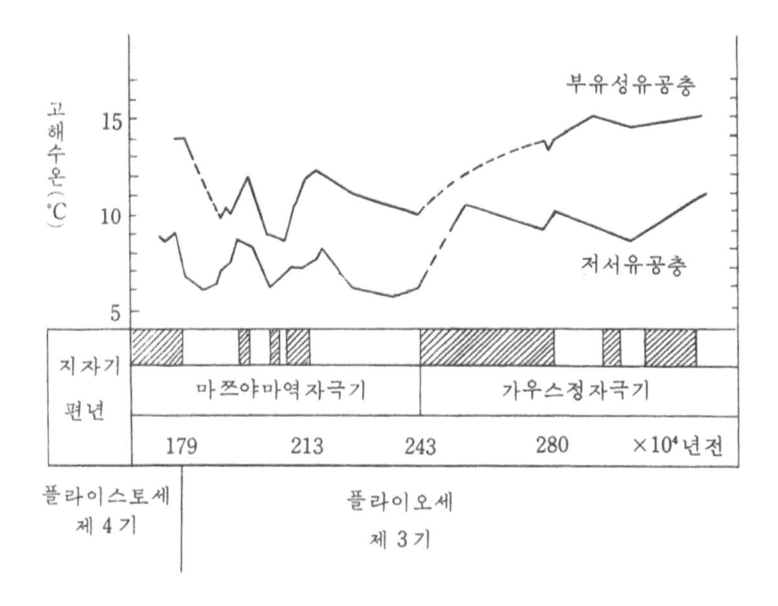

그림 4-8 | 제3~4기 초기에 걸친 기후 변동(케네트 등, 1971).

이 $^{18}O/^{16}O$법으로 구한 고수온 변화 곡선을 자기 편년(자기 연대학)에 따라 약 170만 년 전부터 320만 년 전까지 그려 보았다(그림 4-8). 그 결과를 보면 표면 수온은 해저 수온보다 3~6℃가 높은 온도였으며, 둘 다 제3~4기의 경계 부근, 즉 플라이오세 중기부터 플라이스토세 초기에 걸쳐 5~6℃씩이나 현저하게 수온이 저하한 시기가 있었다는 것이 밝혀졌다. 이렇게 하여 빙기에 견줄 만한 온도 하강을 계기로 제4기의 플라이스토세로 들어가 동식물, 특히 인류가 나타난 시대에 들어섰다.

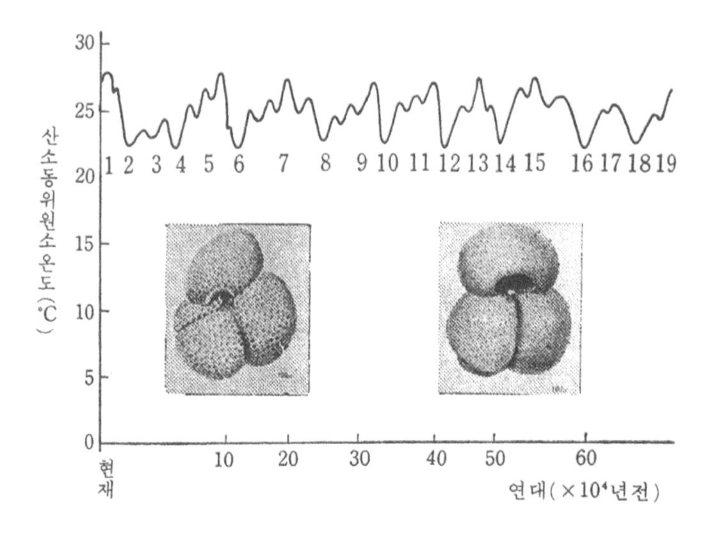

그림 4-9 | 심해퇴적물의 유공충의 산소 동위원소 비로부터 산출한 고수온의 변동 (에밀리아니, 1974).

제4기, 즉 약 200만 년 전 이후의 기후 변화에 관해서는 심해 코어 중의 부유성 유공충화석의 산소 동위원소 조성으로부터 수많은 연구가 나왔다. 마이애미대학의 에밀리애니 교수는 1955년 이래 주로 카리브해에서 채집한 몇 개의 코어(길이 10~15m)를 사용하여 고해수온 변동을 밝혔다. 다만 절대연대를 결정하는 데 어려움이 있었는데, 근년에 와서 방사성 탄소법 프로트악티늄-이오늄($^{231}Pa/^{230}Th$)법으로 결정된 절대연대에다 고지자기 변동에 의한 편년, 다시 유공충화석의 변천 등을 상세하게 음미하여 과거 약 70만 년간의 고수온 변동 상태를 알아냈다(그림 4-9).

이 에밀리애니가 작성한 고해수온 변동을 보면 주기적 변화가 약 6℃의 진폭을 가지고 8회 반복되고 나서 현재(1만 년 전 이후)의 온난기를 맞이했다. 이 한란이 반복되는 단계를, 현재로부터 과거로 거슬러 올라가며 그림 4-9에 보인 것같이 온난기를 홀수 번호로, 한랭기를 짝수 번호로 나타내면 19단계가 있음을 그는 찾아냈다.

에밀리애니가 절대연대 편년을 결정하는 데 크게 공헌한 케임브리지대학의 섀클턴과 라몬트지질연구소 연구자들도 태평양에서 채집한 20m에 달하는 퇴적물 코어를 조사하여 마찬가지 온도 변화를 알아냈다. 그들은 과거 90만 년간에 23단계가 있음을 밝혔다.

이 결과로 볼 때, 현재와 같은 온난기와 6℃ 정도 낮은 빙기가 약 10만 년의 주기로 반복되었다. 다시 근년에 와서, 대서양, 태평양, 지중해, 인도양, 카리브해처럼 퇴적물 코어의 채집 지점이 서로 멀리 떨어졌어도 $^{18}O/^{16}O$법으로 부유성 유공충에서 구한 고해수온의 변동 곡선은 모두 똑같은 변화 형태를 나타내는 것을 알게 되었다. 이것은 산소 동위원소 비로부터 얻어진 온도의 오르고 내림이 지구적 규모였으며, 빙기와 간빙기를 반영한다고 생각해도 된다.

심해저 코어에서 구해진 고해수온의 주기적 변화는 제4기 빙기와 간빙기의 반복을 나타낸다. 그런데 종래부터 알려진 알프스 지역의 제4기에 일어난 빙기의 수와 합치하지 않는다. 종래에는 제4기 빙기로 뷔름, 리스, 민델, 귄츠, 도나우의 5회가 알려진 것에 지나지 않는다. 에밀리애니는 그가 제안한 단계와 육상의 빙기를 표 4-3처럼 대비했다. 그러므로 제4기의 지질시대가 200만 년인 데 대해 60만 년 정도 사이에 빙기의 태반을 거친 셈이 된다. 이 모순에 관해서는 갖가지로 논의되었는데, 현재로서는 해저 퇴적물 속의 유공충을 사용한 $^{18}O/^{16}O$법에 나타난 기후 변동을 애써 육상의 빙기와 대비시키지 않고 독자적으로 한란 단계 구분을 만들고 있다.

어쨌든 단계 1에서 5까지의 한란 구분은 상세한 절대연대 측정과 화석종 대비에 대해 각 빙기 및 간빙기와 합치한다. 즉 최종 빙기인 뷔름 빙기와 그 직전의 간빙기에 관해서는 문제가 없을 것 같다.

고수온이 변동하는 패턴을 보면 약 10만 년 전에 온난기가 있었고, 이어 뷔름 빙기가 수만 년 계속됐고, 그동안은 온도가 5~6℃나 낮게 한랭했다. 그리고 약 1만 년 전부터 급격히 온도가 상승하여 현재의 온난기를 맞이했음이 밝혀졌다. 또한 최종 빙기 후의 온난기 중에서도, 특히 온도

한난단계	빙기, 간빙기
1	후빙기
2	뷔름만빙기
3	뷔름아간빙기
4	뷔름조빙기
5	리스-뷔름간빙기
6	리스빙기
7, 8, 9	민델-리스간빙기
10	민델빙기
11, 12, 13	귄츠-민델간빙기
14, 15, 16	귄츠빙기

그림 4-3 | 에밀리애니의 유공충 산소 동위원소 비에 의한 한란 단계와 빙기.

가 높은 시기는 현재로부터 약 6,000년 전이었다. 일본의 조몬 문화가 일어난 시기도 이때에 해당한다. 이상과 같이 안정 동위원소를 사용한 온도계의 발견은 지구의 과거에 일어난 환경 변화를 아는 데 크게 공헌했다. 그러나 퇴적 속도가 1,000년에 겨우 수 ㎜ 밖에 안 되는 해양퇴적물로는 역사시대 이후의 세밀한 기후 변동은 추적하지 못한다. 그 때문에 다음에 얘기하는 여러 가지 방법이 고안되었다.

극지 빙상의 산소 동위원소 비에 의한 기후 변동

남극이나 그린란드에는 지구상의 바닷물 약 2%, 즉 담수의 50배나 되는 부피를 가진 얼음이 있다. 이들은 지질시대를 통해 내린 눈이 대륙 빙상이나 빙하가 된 것이므로 과거 몇십만 년의 기록을 간직하고 있을 것이다.

남극에는 최고 4,200m에 이르는 두꺼운 얼음이 있다고 한다. 만일 해저 퇴적물처럼 얼음 코어를 채집할 수 있다면 그 얼음이 과거의 기후 변동을 아는 실마리가 될지 모른다. 여기에 눈을 돌린 것은 코펜하겐대학의 단스가르드 교수였다. 그는 일찍 1953년에 얼음 속에 포함된 산소나 수소의 안정 동위원소 조성($\delta^{18}O$, δD)이 과거의 강설 당시 온도를 나타내는 지표가 될 가능성이 있다고 지적했다.

대륙 빙상을 만드는 원료가 되는 강설의 동위원소 조성은 수증기가 응축될 때의 온도에 좌우된다. 이것은 눈에 한한 것이 아니다. 극지, 열대, 온대 지역 전역에 걸친 강수를 조사한 막대한 자료를 정리해 보면 연평균 동위원소 조성은 강수 전체에 부합됨이 밝혀졌다. 즉 양극 지역의 연평균 기온과 밀접한 관계가 있다(그림 4-11). 강수의 $\delta^{18}O$, δD와 연평균 기온과의 관계는 다음 식으로 나타낼 수 있다.

$$\delta^{18}O(‰)snow = 0.6954t - 13.6$$

t : ℃ (단스가르드, 1964)

$$\delta D(‰)snow = 5.6t - 100$$

이렇게 저온에서 응축된 강수는 δ 값이 작은 가벼운 물이나 눈이 되고, 반대로 고온에서 응축된 것은 무거운 강수가 된다. 또한 같은 지점이라도 여름에는 $\delta^{18}O$가 크고, 겨울에는 작다는 것을 캘리포니아 공과대학의 엡슈타인 교수가 확인했다.

또 브뤼셀대학의 피치오토 교수는 벨기에 남극기지에서 1년간 강설의 δD를 측정하여 계절에 따라 크게 변동됨을 밝혔다(그림 4-12). 그리고 눈을 내리게 한 구름의 온도를 라디오 존데로 관측하여 강설의 $\delta^{18}O$와 δD는 그 생성 온도에만 영향을 받으며, 구름 높이나 그 밖의 기상 조건

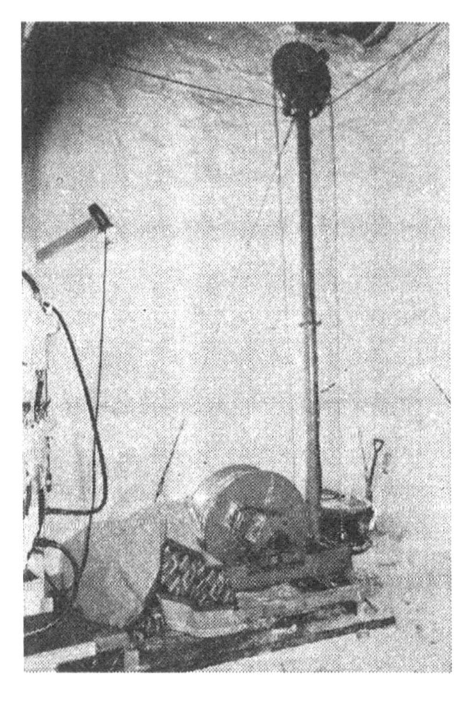

그림 4-10 | 남극에서의 빙상 코어 보링 장치

에는 영향을 받지 않는다는 것을 알아냈다.

이러한 기초적 사실의 축적을 바탕으로 하여 그린란드나 남극 빙상의 연구가 시작되었다. 그리고 1966년에는 그린란드의 캠프 센추리(북위 77.2°, 서경 61.1°, 표고 1,885m)에서 전장 1,391m의 얼음 코어를, 1968년에는 남극 버드 기지(남위 80°, 서경 120°, 표고 1,515m)에서 깊이 2,164m의 기반에 도달하는 코어가 채집되었다. 또 최근 캐나다 북부 데본섬의 빙관(북위 75.3°, 서경 82.5 ; 표고 1,800m)에서 약 300m의 코어가 채집되었다.

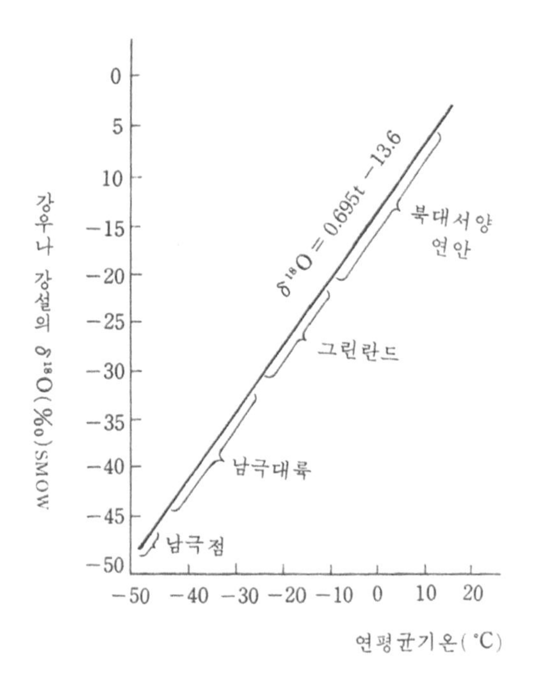

그림 4-11 | 연평균 기온과 강수의 δ^{18}O(연평균)의 관계(단스가르드, 1964).

이들 얼음의 연대는 오래된 것일수록 위에 쌓인 얼음 때문에 빙층(氷層)이 소성변형(塑性變型)에 의해 얇아지므로 이론적으로 계산된다. 또 얼음의 $\delta^{18}O$를 세밀히 측정하면 계절 변동이 나타나기 때문에 연수를 계산할 수도 있다. 어쨌든 이런 방법으로 결정된 코어의 가장 오래된 연대는 12만 8,000년이었다.

그림 4-13은 이렇게 만들어진 연대 눈금에 의해 얼음의 $\delta^{18}O$의 깊이에 따른 변화를 보인 것이다. 이것을 보면 장소가 다른 두 지점이 아주 같은 기후 변동을 나타낸다. 즉 $\delta^{18}O$ 값은 12만 년 전부터 6만 5,000년 전까지는 현재와 같은 온난기였음을 나타낸다. 이것은 리스-뷔름 간빙기에

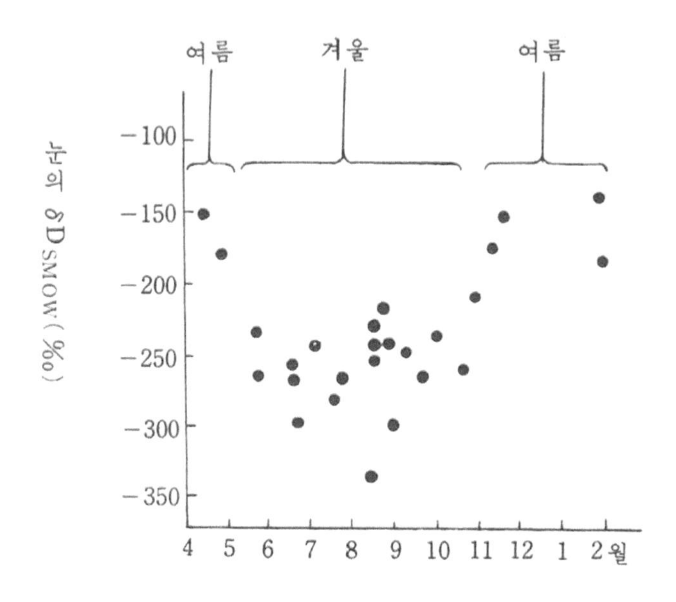

그림 4-12 | 남극의 눈의 δD의 계절변화(비치오토, 1960)

해당한다. 그 후 6만 5,000년 전부터 1만 년 전까지는 $\delta^{18}O$ 값이 극단적으로 작고, 한랭한 빙기였음을 어김없이 보여 준다.

이 빙기야말로 빙하 지형으로 알아낸 최종 빙기인 뷔름 빙기와 연대적으로 완전히 일치된다. 또한 이 최종 빙기 동안에 초기 뷔름 빙기와 후기 뷔름 빙기라는 특별히 한랭한 아빙기(亞氷期)가 있었던 것도, 또 $\delta^{18}O$ 값은

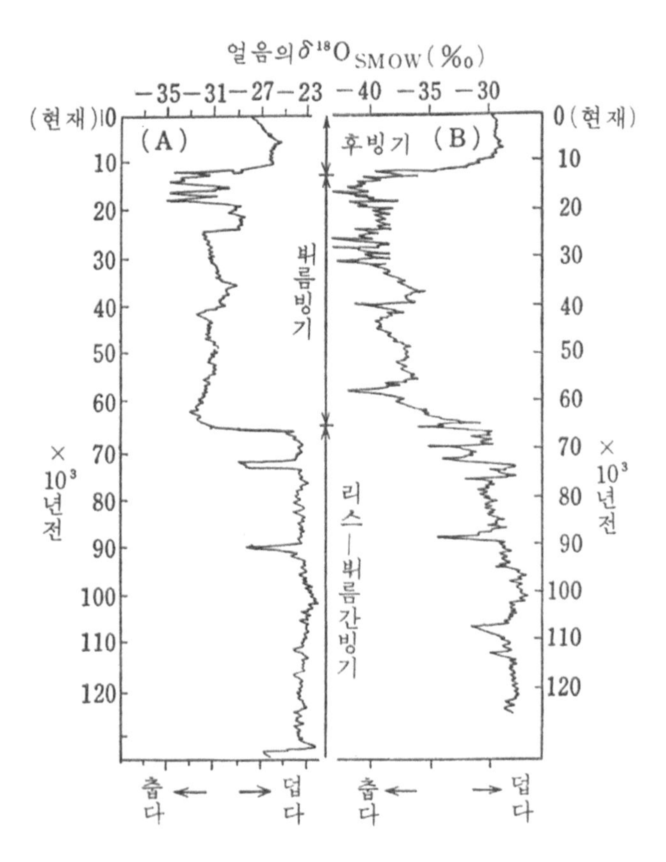

그림 4-13 | 빙상의 $\delta^{18}O$의 수직 변화와 빙하시대. (A) 데본섬(캐나다): 페터슨 등(1977), (B) 캠프 센추리(그린란드): 단스가르드 등(1972).

그 사이에 비교적 따뜻했던 아간빙기(亞間氷期)가 있었던 것도 뚜렷이 보여 준다.

이 최종 빙기를 거쳐 1만 년 전에 급격히 온도가 상승하여 현재의 온난 기후가 되었다. 얼음의 동위원소 조성으로 추정된 최종 빙기 이후의 기후 변동은 앞에서 얘기한 유공충을 조사한 것과 전적으로 같은 변화를 나타냈다.

이렇게 얼음의 $\delta^{18}O$값을 추적하면 역사시대 이전의 기후 변동이 밝혀질 뿐만 아니라 우리가 역사를 펼쳐볼 수 있는 비교적 새로운 시대에 대해서도 기록을 더듬을 수 있다. 왜냐하면 극지에 생긴 얼음이 퇴적하는 속도는 해저 퇴적물과 비교하면 엄청나게 빠르고 같은 연수라면 빙상 쪽이 퇴적되는 두께가 훨씬 두껍다. 바다의 퇴적물은 1,000년 동안에 겨우 수 ㎝ 밖에 쌓이지 않는데도 빙상의 경우는 아무리 적게 쳐도 3m 이상은 퇴적된다. 따라서 빙상은 한 해 한 해의 기후 변동을 추적할 수도 있다. 그림 4-14에 보인 것같이 그러한 추적으로 서기 연대와 기후를 대비할 수도 있다.

그림 4-14는 데본섬에 있는 빙상의 $\delta^{18}O$에서 10년마다 구한 평균값과 서기 연대와의 관계를 나타낸 도표이다. 이 $\delta^{18}O$의 변동으로부터 서기 1200년에서 현재까지의 소빙기나 이상 기상을 알아낼 수 있다. 현저한 변화를 보면 서기 1240년과 1380년에 특히 온난한 시기가 있었고, 1430년, 1520년, 1560년에 각각 한랭한 시기가 나타난다. 또 1680년부터 1730년 사이에 연속적인 한랭기, 즉 소빙기가 있었다. 다시 서기

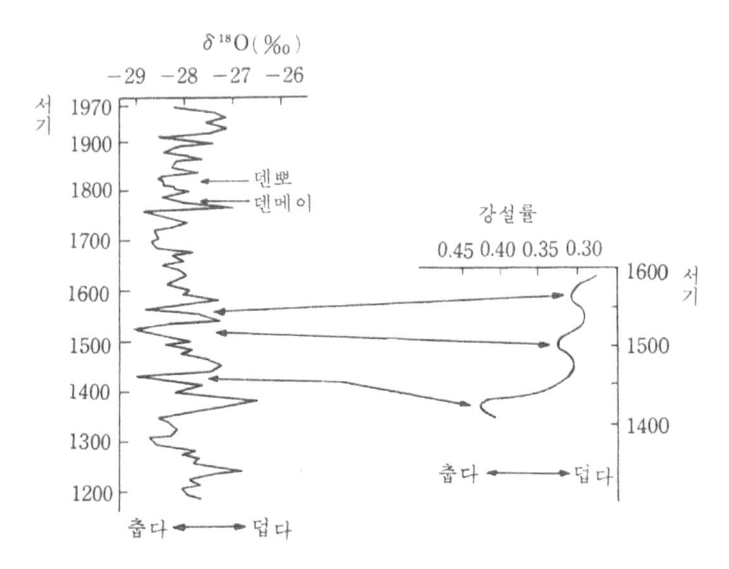

그림 4-14 | 빙상의 $\delta^{18}O$의 변동(페터슨, 1977)과 일본 무로마치 시대의 일기에 기록된 강설량(山本武夫, 1976)의 대비.

1910년 이후 1960년쯤까지는 비교적 온난한 시기가 계속됐다. 그러나 1960년 이후에는 기온이 급격하게 하강하는 경향을 보여 오늘날 빙기가 다가왔다고 소란이 일어나고 있는 이유의 하나가 되고 있다.

이 역사시대 이후의 기후 변동은 여러 가지 고문서에 남은 기록과 비교된다. 즉 1430년부터 1850년간은 소빙기라고 불릴 만큼 한랭한 기후가 재차 북반구를 휩쓸었고, 특히 16세기는 역사시대 이래 최악의 기후였다고 알려졌다.

그림 4-14의 빙상의 $\delta^{18}O$ 패턴을 보아도 1400년대 전반부터 1800년

대 전반에 걸쳐 약 4세기 동안은 전반적으로. 추운 기후였음을 말해 주며, 특히 한랭한 정상기가 몇 번씩이나 나타났다.

15세기에서 16세기에 걸쳐 일본의 무로마치 시대의 기후 기록은 당시 수도인 교토에 살던 왕족(伏見宮成親王, 1372~1456)이 남긴 「간몬교키(看聞御記)」나 귀족(關白近衛政家, 1443~1505)의 「코호코인키(後法興院記)」, 또 다른 귀족(三條実陰, 1455~1537)의 「사네다카 공기(実隆公記)」 등의 일기가 있다. 이 속에서 귀중한 사실을 찾아볼 수 있다.

일기 속에는 벚꽃 만개 시기, 나날의 날씨, 호수와 강의 동결 등의 기록이 남아 있어서 당시의 기후가 추측된다. 야마모토(山本武夫) 박사는 이들 일기로부터 우천일수와 강설일수를 발췌하여(강설일수)/(우천일수+강설일수)의 비를 11, 12, 1, 2, 3의 5개월간에 대해 계산하고, 그 값을 그해의 강설률(또는 한란지수)로 결정했다. 이 강설률과 빙상의 $\delta^{18}O$의 패턴을 비교하면 그림 4-14 같이 둘 사이의 한랭기가 잘 일치한다.

또 교토대학 오오츠임호실험소(大津臨湖實驗所)의 호리에(場江正治) 교수는 일본 북부 알프스의 시로우마다케(白馬孟, 2,933m)에서 소빙하의 진출 연대를 조사했는데, 묻힌 나무에서 얻은 연대로부터 그 시대가 1430년±80년이라 확인했다. 이 시로우마다케의 소빙하 출현 시기와 고문서에 의한 1400년대 전반 강설률의 극대기, 또한 빙상의 $\delta^{18}O$로부터 추정된 한랭기 정상기는 완전히 일치된다.

18세기 후반부터 19세기 전반에 걸친 덴메이, 덴포 기근은 그 무렵의 소빙기 출현과 흔히 관련짓는다.

이들 기근과 빙상의 $\delta^{18}O$로 본 기후를 비교하면 덴메이 기근(1782~1787년)과 덴포 기근(1833~1839년)은 그림 4-14에 보인 빙상의 $\delta^{18}O$의 한랭 정상기와 일치한다. 또 야마모토 박사의 고문서 해석에서 얻어진 하천의 동결 등이 일어난 이상 한랭기(1813~1824년)도 빙상의 안정 동위원소에서 판명된 한랭기와 잘 일치한다.

종유석의 산소 동위원소 비와 기후

석회석이 많은 지방에는 흔히 동굴 속에 탄산칼슘으로 된 종유석을 본다. 이 종유동(鍾乳洞) 속에 생긴 종유석은 지하수에 일단 용해된 탄산칼슘이 동굴 속에서 물의 증발과 이산화탄소의 산일(散佚)에 의하여 재결정된 것이다.

원뿔 모양을 한 종유석은 나무 나이테와 마찬가지로 1,000년에 0.4~1㎝ 정도의 속도로 성장하여 점점 굵어진다. 이 천장에 매달린 종유석을 가로로 자른 단면은 중심부에서 바깥쪽으로 향하여 과거로부터 현재까지의 기록을 남긴다.

이 탄산칼슘($CaCO_3$)의 $\delta^{18}O$는 결정된 당시의 수온과 관계된다는 것은 앞에서 얘기한 유공충으로부터 해수 온도를 산출할 때와 원리가 아주 같다. 다만 유공충인 경우와 다른 것은 무기화학적으로 침적했다는 점이며, 이때 온도와 $\delta 18O$의 관계는

$$\delta^{18}O_{CaCO_3} - \delta^{18}O_{H_2O} = 2.78 \times 10^6 \ (t + 273)^{-2}$$
$$-3.39 \text{(오닐, 1969)} \quad t : \text{수온(°C)}$$

로 나타낼 수 있다. 여기서 $CaCO_3$는 과거 침적 당시의 $\delta^{18}O$를 그대로 현재까지 보유하나, 그 당시의 물은 현재로서는 입수할 수 없다. 이 담수의 $\delta^{18}O$가 바닷물의 경우처럼 과거 10^8년 전부터 변화하지 않았다면 얘기는 간단하다. 그러나 담수의 경우는 그렇게 간단하지 않다.

그림 4-15 | 일본의 동굴 종유석(岐阜県郡上八幡).

앞 절의 빙상 얘기에서 말한 그림 4-11을 다시 잘 보기 바란다. 그림처럼 담수의 원천이 되는 비나 눈의 $\delta^{18}O$는 그 지방의 기온에 따라 변화한다. 설사 같은 장소라도 빙기와 간빙기와는 당연히 값이 달라진다. 따라서 물의 $\delta^{18}O$ 자체도 온도함수라고 보아야 한다. 그래서 앞에서 얘기한 단스가르드(1964년)가 제출한 함수관계를 참고로 하여 물의 동위원소 조성을 다음과 같이 나타낼 수 있다.

$$\delta^{18}O_{H2O} = 0.695t - A \qquad t\text{: 그 지방기온}$$

여기서 A는 상수여서, 예를 들면 뒤에서 얘기하는 기후(岐阜)현 구조 하치만(郡上八幡) 근방에서는 15.2가 된다. 이렇게 하여 여기서 나타낸 두 식을 연립시켜 $CaCO_2$의 산소 동위원소 비만을 측정함으로써 이것이 침적된 당시의 온도를 추산할 수 있다.

기후 변동을 알려는 경우에 언제나 따라다니는 연대에 관해서는 탄산칼슘의 탄소를 써서 ^{14}C법(방사성 탄소법)으로 결정하는 것이 가능하다.

이렇게 하여 종유석으로부터 기후 변동을 구한 예는 많지 않지만 일본의 예를 알아보자. 기후(岐阜)의 종유동에서 채집한 종유석의 $\delta^{18}O$로부터 계산한 동굴 내 온도 변화는 표 4-4와 그림 4-16에 보인 것과 같다. 이것은 3개의 종유석에서 얻은 값을 연결하여 과거 3만 7,000년(^{14}C 연대) 이후로부터 현재까지의 온도 변화를 나타내고 있다. 이 동안의 온도는 추산컨대 10.6~15℃ 사이를 오르내렸고, 한랭기와 온난기의 차는 약 4℃ 정도이다. 그림과 같은 추산 온도 변화를 보면 과거 1만 년 이전에 뷔름 빙기의 한랭시기가 뚜렷이 나타나 있다. 그 빙기에서도 특히 한랭한 아빙기가 지금으로부터 1만 7,000년에서 1만 8,000년 전과 3만 년 전 근방이었던 것과 빙기라도 비교적 따뜻한 아간빙기가 2만 5,000년 전후에 있었던 것이 분명히 나타난다. 이 아빙기, 아간빙기 도래 시대가 데본섬과 그린란드의 빙상의 $\delta^{18}O$로 추론한 이 시대와 완전히 일치하는 것은 그림 4-13과 비교하면 납득이 갈 것이다.

한랭한 뷔름 빙기가 지나고, 지금부터 약 1만 년 전에 급히 격하게 온도가 상승하여 현재의 온난기를 맞이했다. 그리고 특히 6,000년에서

종유석	$\delta^{18}O_{SMOW}$(‰)	추산온도(°C)
I	+23.7∼ +25.2	11.7∼15.0
II	+23.2∼ +24.3	10.6∼13.0
III	+23.2∼ +24.3	10.6∼13.0

표 4-4 | 종유석의 산소 동위원소 조성과 퇴적 시의 추산 온도.

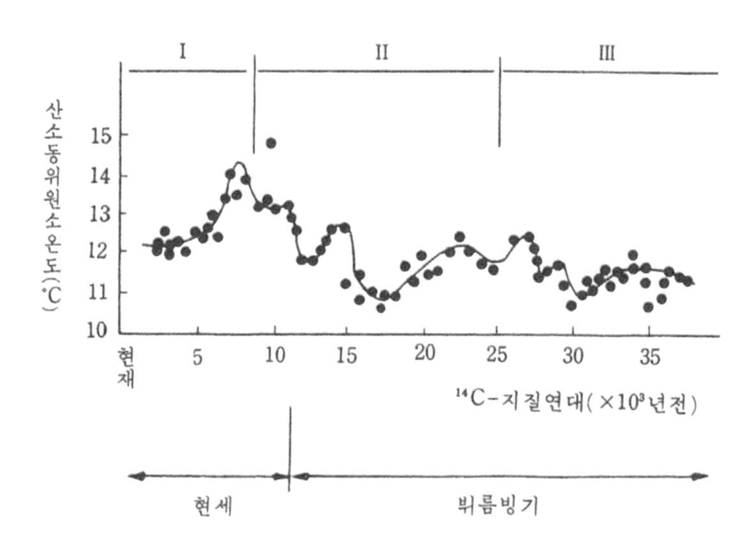

그림 4-16 | 종유석의 산소 동위원소 비로부터 추정한 고기후의 변화(中井 외, 1977).

7,000년 전 근방에 온난한 정상기가 나타났고, 일본의 조몬 문화가 번영한 시기와 일치한다. 이것은 앞에서 얘기한 유공충이나 빙상의 $\delta^{18}O$를 이용한 기후 변동 패턴에도 뚜렷이 나타났다. 그리고 뷔름 빙기에 해양이 결빙하여 육교가 생긴 동안에 대륙에서부터 유입된 문화가 그 직후의 온난 정상기에 급속히 발전된 것을 설명해 준다.

종유석에서 얻은 온도 변화 패턴에는 또 하나 특징적인 사실이 나타난다. 그것은 현세의 온난 정상기가 나타난 이후는 온도가 일반적으로 하강하고 있다는 것이다. 그리고 현재의 온도는 뷔름 빙기의 아간빙기 온도와 대차 없는 데까지 하강하고 있다. 이것은 빙상에 의한 온도 패턴에 나타나 있는데 이것이 장차의 빙기 도래와 관계 있는가 아닌가는 앞으로의 문제가 될 것이다.

나무 나이테에 새겨진 기후 기록

여기서 야산에서 자라는 나무에 성장 때의 기온이 시시각각 기록된다는 것도 얘기해 두어야겠다.

식물은 공기 중의 이산화탄소와 뿌리로부터 빨아올린 수분을 재료로 하여 광합성에 의해 엽록소와 자신의 몸을 만든다. 재료가 되는 물은 그 지방에 내린 비와 눈일 것이다. 그리고 식물을 구성하는 유기물에 포함되는 산소와 수소 원자는 물의 산소나 수소가 광합성 과정에서 얻어진 것이다. 당연한 일이겠지만 그 식물이 자라는 지방의 당시의 물의 $\delta^{18}O$와 δD 값의 대소에 지배된다. 그래서 '극지 빙상의 산소 동위원소 비에 의한 기후 변동' 항에서 얘기한 것같이 하늘에서 내리는 비나 눈의 동위원소 조성은 기온에 의해 좌우된다는 것을 되새겨 보자. 이 지표수의 원천이 되는 강수의 $\delta^{18}O$와 δD는 모두 기온이 높아지면 기온이 낮을 때에 비해 무거운 동위원소가 많아진다. 따라서 온난기에 성장한 나이테에는 무거운 동위원소가, 한랭기에 자란 나이테에는 가벼운 동위원소가 상대적으로 농축된다.

이 경향은 나무의 산소와 수소의 동위원소뿐만 아니고 대기 중의 이산화탄소를 재료로 하는 탄소에 대해서도 마찬가지이다. 이렇게 나무 나이테의 $^{18}O/^{16}O$, D/H, $^{13}C/^{12}C$비는 모두 온난기에는 증가하고, 한랭기에는 감소하는 성질이 있다. 그래서 나이테 속에 보존된 이들 동위원소 비를 연대순으로 측정함으로써 과거의 기온 변화를 추적할 수 있다. 이때 연대 눈금은 나이테의 수나 ^{14}C 연대 측정법으로 결정할 수 있다.

이 방법은 오랜 지질시대에까지 적용되지는 못한다. 수령에 한계가 있으므로, 수천 년 전까지의 비교적 새로운 연대의 기후 변동을 상세히 알아보는 데 적합하다. 이 방법에 주목하여 현재도 연구를 계속하고 있는 것은 캘리포니아대학의 리비 여사이다. 리비 여사는 ^{14}C에 의한 연대 측정 발견자이며, 그 공적으로 노벨상을 수상한 리비 박사의 부인이다. 부부 모두 과학자일 뿐 아니라 동위원소 온도계와 연대 측정을 잘 조합하여 과거의 환경 변화를 추적하는 방법을 확립하는 데 성공했다.

리비 부인은 일본의 수령 2,000년이 되는 야쿠 삼나무(屋久杉)의 동위원소 비 변동을 연구했다. 기원후 오늘에 이르기까지 수년씩의 나이테에 대한 $\delta^{18}O$와 δD의 변동을 조사한 결과 그림 4-17 A와 같이 온난과 한랭의 반복을 뚜렷이 볼 수 있다.

이 한란의 변화는 현재 우리가 볼 수 있는 고문서에 나타나 있다. 그 중 하나로 한국의 『삼국사기(三國史記)』는 아시아 동부의 고기후를 알아보는데 귀중한 자료가 된다. 그 속에는 냉량기(冷凉期)가 2세기에서 3세기 후반에 걸쳐 나타난 것이 기술되었다. 이 시기는 리비 여사의 결과에서 보이는 서기 200년 전후의 추운 시기와 합치된다. 또 앞에서 얘기한 일본의 무로마치 시대의 강설률(한랭지수)이 높았던 시기는 그림에서 보는 서기 1400년부터 1500년대의 추운 시기와 일치한다. 또 이 동위원소 비의 기록에는 빙상의 동위원소 비와 마찬가지로 덴메이, 덴포의 한랭 기근 기후가 뚜렷이 나타나 있다.

빙하 지형을 조사하면 과거 소빙기의 시기를 알 수 있다. 동위원소 기

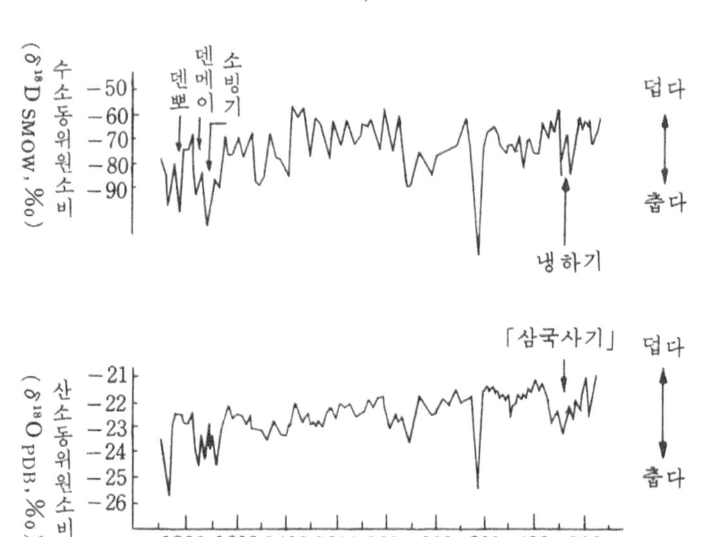

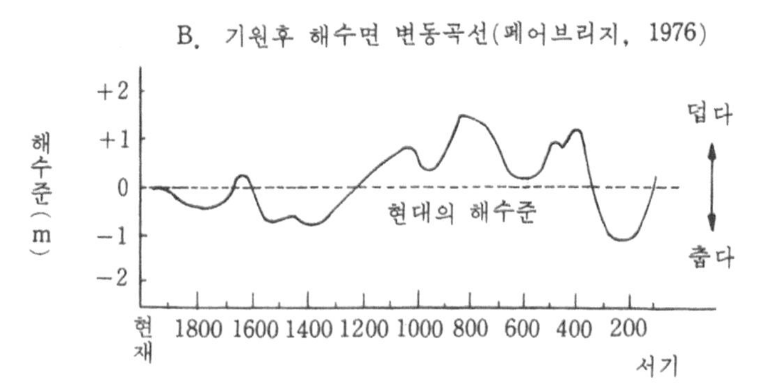

그림 4-17 | 리비 여사와 페어브리지의 데이터 비교.

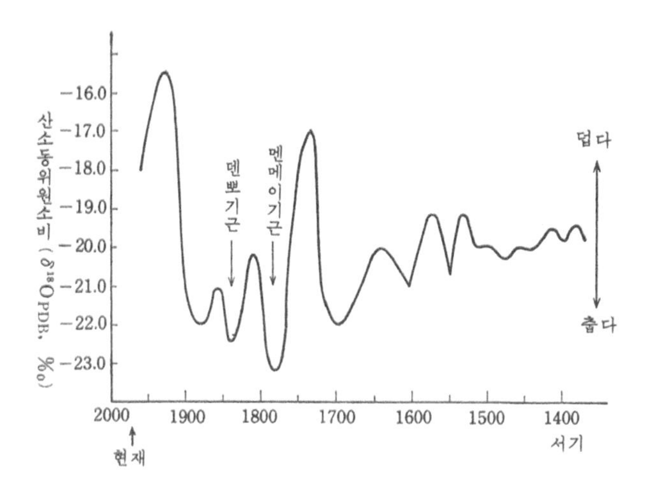

그림 4-18 | 독일의 떡갈나무 산소 동위원소 비의 변동으로 본 기후(리비, 1976).

록으로 밝혀진 바와 같이 1400년에서 1800년쯤에 걸쳐 빈번히 추운 시기가 도래한 것도, 또 1700년 전후의 특히 추운 시기는 모두 빙하 활동 연구자들이 말하는 소빙기와 합치한다.

지금까지는 일본의 야쿠 삼나무를 조사한 기후 기록을 알아보았는데 유럽은 어떤가. 다음에는 독일의 떡갈나무를 조사한 결과를 그림 4-18에 들었다. 이 그림에서 앞에서 든 덴메이, 덴포의 한랭 기근 시기가 유럽의 나무에서 조사한 추운 시기와 잘 일치한다. 또 1700년경 소빙기의 한랭 기후가 확실히 나타나 있고, 1900년경 이후 기온의 급상승과 근년에 와서 일어난 하강 현상도 볼 수 있다. 이렇게 하여 나무의 동위원소 조성은 지구적 규모의 기후 변동을 기록한다고 하겠다.

과거의 기후 변동의 하나의 지표로서 옛날 해수면의 변동을 조사하는 방법이 잘 쓰인다. 이 해수준 변동 곡선과 나무의 동위원소 비로 나타낸 리비 여사의 결과와 비교해 보자. 지구상에 존재하는 물의 약 98%는 바닷물이며 나머지 대부분은 대륙빙(大陸氷)이 차지한다. 그런데 기후가 한랭하게 되어 지구상의 물이 빙설로 대륙에 갇히게 되면 바닷물의 양이 감소하고 해수면은 조금 저하한다.

극단적인 얘기이지만, 지금부터 약 1만 년 이상 전의 대빙기인 뷔름 빙기에는 세계의 해면이 현재와 비교해 100~150m나 저하되었다고 하며, 또 현재 대륙에 있는 얼음이 전부 녹아 바다에 흘러들어 갈 만한 따뜻한 기후가 되면 현재의 해수면은 60m 이상이나 높아져 지금 우리가 사는 거리나 마을도 바닷물이 찬다고 계산되었다. 물론 지금 여기서 논의되는 현재의 소빙기 정도의 기후 변화로는 겨우 1~2m 정도 해면이 변동하는데 지나지 않는다. 이러한 해진, 해퇴에 대해 지질학의 입장에서 세계적 규모로 조사한 페어브리지 교수의 연구 결과를 그림 4-17 B에 인용했다. 이것과 그림의 A에 보인 야쿠 삼나무의 동위원소 비로부터 조사한 온도의 오르내림을 비교해 보면 해면 저하의 골짜기와 한랭기의 골짜기가 완전히 일치한다. 이것은 나무의 나이테가 얼마나 기온 변동을 충실히 반영하는가를 말해 주며, 해수면 변동으로부터 파악할 수 없는 작은 기후 변동도 알아낼 가능성을 시사한다.

나무의 동위원소가 과거의 기온을 충실히 기록한다면 그 당시의 기온을 분명한 숫자로 나타내 보고 싶은 것이 인정이다. 그러나 현재로서 나

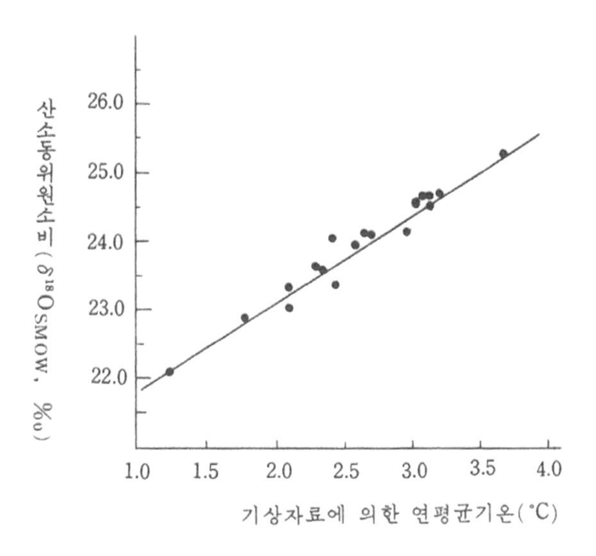

그림 4-19 | 나무 셀룰로스의 산소 동위원소 비와 성장 시 연평균 기온의 직선성 (그레이, 1976).

무 종류와 관계없이 적용되는 온도 척도는 없다. 최근에 와서 캘리포니아 공과대학의 엡슈타인 교수와 알바타대학의 그레이 교수는 나무의 유기성분 중의 셀룰로스만을 추출하여 그 동위원소 비를 측정하면 온도가 산출된다고 제안했다. 그 일례로, 캐나다의 알바타주에서 1882년에서 1969년에 걸쳐 생존한 가문비나무 조사 사례가 있다..

이 가문비나무의 나이테에서 추출한 셀룰로스의 $\delta^{18}O$와 기상 자료에 의한 연평균 기온과 비교해 보면 그림 4-19처럼 거의 직선 관계를 나타낸다. 그리고 이 가문비나무에 관한 동위원소 비와 기온 관계는 다음과 같다.

$$\delta^{18}O = (1.3 \pm 0.1)t + (20.5 \pm 0.2) \quad t : (°C)$$

이 식은 어디까지나 가문비나무를 대상으로 하며, 이것이 어떤 종류의 나무에도 적용되는가는 앞으로 해결해야 할 문제이다.

호저 퇴적물의 기후 기록

호수 바닥에 해마다 쌓이는 퇴적물에도 바다 퇴적물과 마찬가지로 과거의 기록이 새겨졌다. 호수의 경우에는 바다와 비교하여 퇴적 속도가 대단히 빠르고, 1년의 퇴적물의 두께가 비교적 두꺼우므로 더 세밀하게 기후 변화를 알 수 있다. 예를 들면 일본의 비와호에서 최근 채집된 200m 길이의 퇴적물 코어는 제일 깊은 곳의 연대가 56만 년임이 확인되어 퇴적 속도는 평균 35㎝/1,000년이다. 이 속도는 심해의 퇴적보다 한 자리가 컸다.

호수 바닥에 가라앉은 퇴적물 속에는 지질시대를 통하여 호수에서 살던 플랑크톤 등 생물의 유해가 포함된다. 그 생물 유해에는 생육 당시에 광합성으로 만들어진 유기물이 남아 있어서, 그 유기물의 탄소 동위원소비가 당시의 호수온(湖水溫)을 반영한다는 것이 알려졌다.

광합성 원료가 되는 천연의 이산화탄소는 가벼운 탄소를 가진 것($^{12}CO_2$)과 무거운 탄소를 가진 것($^{13}CO_2$)의 혼합물이다. 그리고 호수의 식물 플랑크톤이 광합성으로 동화되는 경우, 이 이산화탄소 $^{12}CO_2$의 반응 속도는 $^{13}CO_2$과 비해 훨씬 빠르다. 이것은 비평형 반응이며, 양자의 반응 속도는 다르다. 따라서 합성된 유기물에는 가벼운 탄소가 많이 포함된다.

$$^{12}CO_2 \xrightarrow{k_1} \text{유기물} \qquad k_1,\ k_2\text{: 반응속도상수}$$

$$^{12}CO_2 \xrightarrow{k_2} \text{유기물} \qquad k_1 > k_2$$

이 k_1과 k_2가 같지 않을 뿐만 아니라 k_1/k_2의 비는 온도 함수여서 온도가 낮을수록 큰 값을 가지며 더욱 유기물에 가벼운 탄소인 ^{12}C가 농축되어 $\delta^{13}C$ 값이 작아진다.

광합성 시의 동위원소의 메커니즘에 관해서, 새킷과 그 동료들이 수온과 플랑크톤의 $\delta^{13}C$ 관계를 조사했다. 그들은 대서양과 태평양에서, 적도 부근에서 고위도 지방에 걸쳐 해면 가까이에 사는 현세의 플랑크톤을 채집하여 그 $\delta^{13}C$ 값과 수온의 상관성을 표 4-5와 같이 밝혔다.

또 디젠스에 의한 플랑크톤의 사육 실험 결과로부터도 그림 4-20과 같은 뚜렷한 온도의존성이 나타난다. 호수 표면에 가까운 곳에서 일어나는 광합성은 그림의 (1)의 직선에 가까운 조건이라 보아도 된다. 이 실험 사실로 보아도 퇴적물 중의 유기물은 따뜻한 시기에는 무거운 탄소가, 추운 시기에는 가벼운 탄소가 많다고 기대된다.

이렇게 하여 호저 퇴적물 코어의 유기물 $\delta^{13}C$를 수직으로 조사함으로써 과거의 기후를 연대순으로 추적할 수 있다. 이 $\delta^{13}C$에 대한 과거 56만 년의 기후 변동은 비와호의 200m 코어를 사용하여 저자들이 조사하여

수 온(°C)	평균 $\delta^{13}C$(‰)	시 료 수
25.0±2.0	−21.7	9
14.4	−24.0	1
0.0±2.0	−27.9	12

표 4-5 | 대서양, 태평양의 현생 플랑크톤의 탄소 동위원소 비와 수온(새킷, 1968).

몇 번의 한랭, 온난기가 거듭되었음을 알아냈다. 그 상세한 결과에 대해서는 다음 제5장을 참고하기를 바란다.

또한 이 방법은 심해저 퇴적물처럼 수심이 수천 m나 되는 경우는 적용하지 못한다는 것을 마지막으로 덧붙이겠다.

이 장에서는 안정 동위원소가 자연계에 존재한다는 것이 과거의 기후를 숫자로 나타내는 지질온도계의 고안으로까지 발전한 역사와 그것을 사용하여 조사한 기후 변동에 관해 얘기해 왔다. 그 온도계에는 먼 수억 년

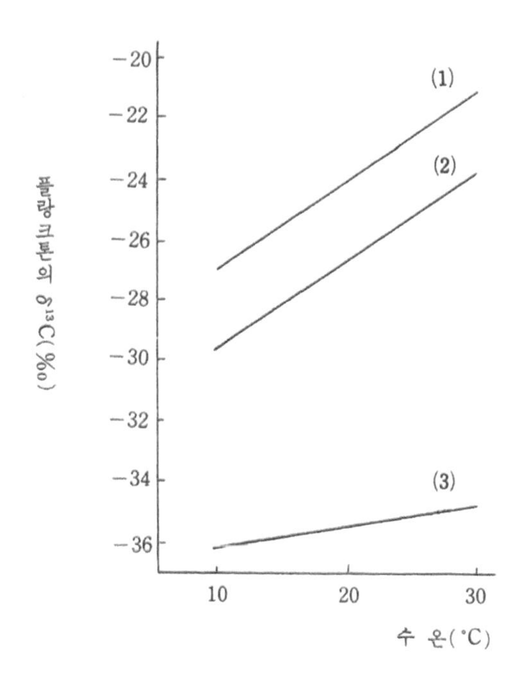

그림 4-20 | 사육 플랑크톤의 탄소 동위원소 비와 수온 관계. (1) 보통의 공기를 통기, (2) 공기를 많이 통기, (3) CO_2를 5% 포함하는 공기를 통기한 경우.

전 지구의 기후를 나타내는 것도 있고, 현세의, 더욱이 역사시대 후의 온도까지도 가르쳐 주는 것까지 있었다. 이 지질온도계는 과거 빙기와 소빙기 시대의 한랭 규모를 우리에게 가르쳐 주었고, 또 온난기와 문화의 번영을 결부시켜 보여 주었다. 다시 추운 기후가 지구상의 우리 인류에게 기근을 가져다주었다는 것과 이상 기상의 규모에 대해서도 가르쳐 주었다.

그렇더라도, 1900년대 이후 기온이 상승일로를 유지해 왔는데도 1900년대 후반에 들어서자 기온이 계속 저하하는 경향이 동위원소에도 보이는 것은 다소 신경이 쓰인다. 그러나 이 지질온도계로는 과거의 온도를 알 수는 있어도 미래의 온도를 측정할 수는 없다. 이 지질온도계로 과거의 더 상세하고, 더 많은 기후 변화 자료를 집적하여 기후 변동의 대주기와 소주기를 알아내면 가까운 장래에 빙기 예보나 이상 기상 예보가 가능하게 되는 시대가 올지 모른다.

제5장

호수와 바다로부터의 편지

오사카대학 교수
가와이 나오토

호수와 바다에 숨겨진 과거의 기록을 구한다

지금부터 40년 전 스웨덴 과학자인 이심은 빙하가 남긴 빙호점토(氷縞粘土)의 잔류자기 중요성에 대해 논한 일이 있었다. 이 특수한 지층은 앞에서 얘기한 것같이 간빙기 초에 생긴 것인데 나이테에 대응하는 줄무늬를 가졌다. 이 무늬 수를 세보면 퇴적된 기간이 수천 년 전이었다는 것을 알 수 있었다.

그와 동시에 1주기, 즉 한 나이테 두께의 지층의 자기 성분을 측정하여 순서에 따라 배열하면, 마치 카세트테이프에 음악이 녹음되는 것같이 지자기가 기록되었음을 알게 된다. 물론 당시에는 카세트테이프는 나오지 않았지만, 이치는 같다.

이것을 실행에 옮긴 것은 버밍엄대학의 그리피스와 킹이었다. 2차 세계대전 후 그들은 스웨덴에서 빙호점토를 채집하여 자기를 측정했는데 불행하게도 채집된 장소가 다르면 측정값이 다르게 나왔으므로 점토가 퇴적된 때의 수류의 영향 때문이라 생각하여 실험실에서 수류의 영향을 조사하는 장치를 조립하여 오랜 시간을 그 처리에 소비해 버렸다.

그 후 제4기의 자기 연구에 대해서는 영국 학자들은 일종의 체념을 갖게 되었고, 극히 최근까지 손을 대지 않았다.

빙호점토는 넓은 지역에 걸쳐 퇴적된 것이 아니며 일정한 장소에서 수직 방향으로 연속적으로 퇴적된 것이었으므로 그것을 채집하려는 연구자도 당연히 나왔다.

호저에서도 해양저에서도 사정이 전혀 같다고 할 수는 없지만 점토 입자나 생물의 유체가 해마다 끊임없이 위로 규칙적으로 퇴적된다. 예를 들면 일본의 비와호 아래에는 백 년마다 거의 5㎝의 진흙 지층이 퇴적된다. 이에 비해 태평양과 대서양 같은 물이 맑은 해양저에는 퇴적 점토는 거의 없고 해면 가까이 서식하던 미생 동물 중에서, 예를 들면 부유성 유공충(포라미니페라)이 죽어서 그 미세한 시체가 바닷물 속에서 마치 눈이 내리듯 심해저에 쌓인다. 그 때문에 똑같이 200년이 걸려도 그 두께는 1㎜에도 미치지 못하는 실정이다. 그래도 퇴적은 연속적이어서 200만 년이 지나면 그 두께가 10m에 달한다.

뛰어난 아이디어가 있어 이 10m의 퇴적물을 채집하는 데 성공한다면 인류시대 200만 년간에 걸친 지자기 변동은 물론 기후 변동, 생물(미생물이지만)의 진화 등을 알아낼 수 있을 것이다. 기후 변동을 분석할 수 있는 이유는 이 생물 유체의 주성분이 $CaCO_2$이므로, 앞 장에서 얘기한 것같이 산소 동위원소 분석으로 당시의 기온, 바닷물 온도를 결정할 수 있기 때문이다.

그러나 문제의 해저는 해면 아래 5,000m나 깊은 데 깔렸고, 아무나 쉽게 도달할 수 있는 것은 아니다.

첫째로, 큰 관측선(觀測船)이 필요하다. 그리고 당연한 일이지만 연구원뿐만 아니라 선원 외에 많은 사람, 심지어 의사까지 필요하다.

미국 라몬트지질연구소 같은 데서만이 이러한 큰 프로젝트를 조직할 수 있을 것이다.

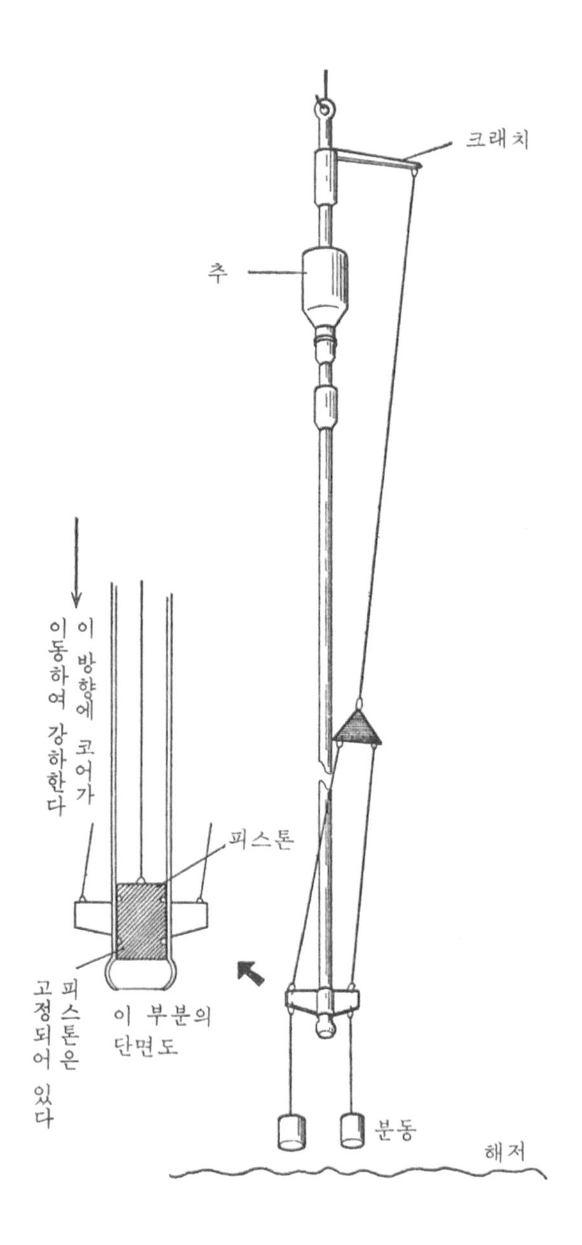

그림 5-1 | 피스톤 코어러의 종단면

그림 5-2 | 글로마 챌린저호

또 다음에는 뛰어난 아이디어에 의한 채니기(採泥器)가 필요하다. 크렌베르그가 처음으로 해저용 피스톤 코어러를 발명하여 겨우 문제가 된 10m 길이의 시료를 얻을 수 있게 되었다.

이 장치는 굵은 와이어 로프로 해저에 매달아 내린다. 장치의 최하단에는 분동을 달아 그것이 먼저 해저에 도달한다. 그렇게 되자 그 반동에 의해 장치 최상부에 달린 크래치가 벗겨지게 장치되어 있어서 피스톤 코어러는 와이어에서 벗겨져 완전히 자유롭게 된다. 코어러 최상부에는 추가 달려 있고 그 하중 압력의 힘으로 코어러를 연한 해저 퇴적물 속으로 밀어 넣는다. 그림 5-1에 종단면을 보인 것같이 외부 실린더 하부에 달린 피스톤이 해저 부근에 고정되면 실린더가 상대적으로 하부로 이동한다. 그 때문에 피스톤 바로 아래는 마이너스 압력이 된다. 따라서 퇴적물은 천천히 실린더 내부에 빨려 들어가 실린더에 가득한 시료가 채집된다.

크렌베르그의 방법에 의해 해저 퇴적물이 가까스로 우리 손에 들어오게 되었다. 그러나 더 깊은 곳에는 아직 우리 손이 닿지 않는 시료가 해저에서 잠자고 있다.

미국에서는 심해저 굴착 계획이라는 이름 아래 연구 프로젝트가 설립되어 해저 수천 m에 깔린 시료를 얻으려고 방대한 예산을 세웠다. 그러나 미국 혼자 힘으로는 무리하다고 판단하여 각국이 연구비를 염출하여 국제적 협력 사업으로 발전시키게 되었다.

이러한 긴 퇴적물 기둥을 채집하기 위해서는 대형선을 해류나 바람에 밀리지 않게 해상의 한점에 정지시키고, 한편에서는 대규모적 보링 장치를 써서 해저에 구멍을 뚫어야 한다.

배가 해상의 한 지점에 정지하기 위해서는 서보(servo) 기구가 필요하다. 또 구멍을 깊이 파는 데 따라 채니 파이프를 바꿔 가면서 파이프를 연결해야 하므로 몇천 m분의 파이프를 배에 적재해야 한다.

이리하여 과학자의 기대와 꿈을 실현하기 위해 특수 굴착선 글로마 챌린저호가 사용되었다. 배를 해상의 한 점에 고정하기 위해서는 두 개의 음파 발진 장치를 배의 양쪽 해저에 장치하여 거기서부터 발사되는 음파를 배 하부에 장치된 수신기로 수신하여 배가 흘러가면 두 수신파가 항상 일정한 조건을 충족시키도록 자동제어에 의하여 배를 원래의 위치로 되

그림 5-3 | 보링에 사용하는 다이아몬드 비트

그림 5-4 | 받침 접시

돌아갈 수 있게 장치되었다. 또 깊은 보링 구멍에서 드릴 끝의 비트를 빼내거나 삽입하기 위해서는 큰 접시가 필요하며, 그림 5-4와 같은 접시가 구멍 상부에 설치된다.

세계 각지의 해양저에 수천 m나 되는 깊은 우물을 파면 천연가스나 석유 매장지에 닿기도 한다. 1975년 이 배가 동해를 굴착했을 때 천연가스가 솟아올랐다. 가스 하부에는 석유층이 있을 가능성도 높고, 바다가 기름으로 오염될 걱정도 있었고, 가스로 배에 화재가 일어날 위험성도 있었으므로 급히 시멘트로 구멍을 막아 버렸다. 이것은 대륙붕에는 아직도 많은 에너지원이 매장되었다는 증거로서 관계자를 기쁘게 했다.

해저 수천 m에는 200만 년 전의 인류시대인 제4기보다 훨씬 오래된 지구 역사가 숨겨져 있다. 또 해양퇴적물 밑의 지각과 그 밑에 있는 맨틀 구조를 조사하는 연구와도 직접 연관이 있다.

글로마 챌린저호 같은 대규모적 굴착이 아니고, 앞에서 얘기한 크렌베르그 채니기보다도 더 손쉽고 편리한 채니기를 약 20년 전에 영국의 화학자 맥카라스 교수가 발명했다. 그는 호수 퇴적물 중에 함유된 유기물을 분석하여 호수학과 육수학(陸水學)에 공헌했다.

맥카라스는 잠수부가 사용하는 200기압의 압축공기 봄베(bombe)를 눈여겨보고 그 가스 압력을 응용하여 크렌베르그와 비슷한 방법으로 실린더에 퇴적물을 빨아들인 후 가스를 부력실에 보내서 채집한 시료와 더불어 채니기를 수면상으로 회수하는 훌륭한 아이디어를 실용화했다.

그는 단순히 화학분석뿐만 아니라 진흙의 자기분석도 하기 위해 뉴캐

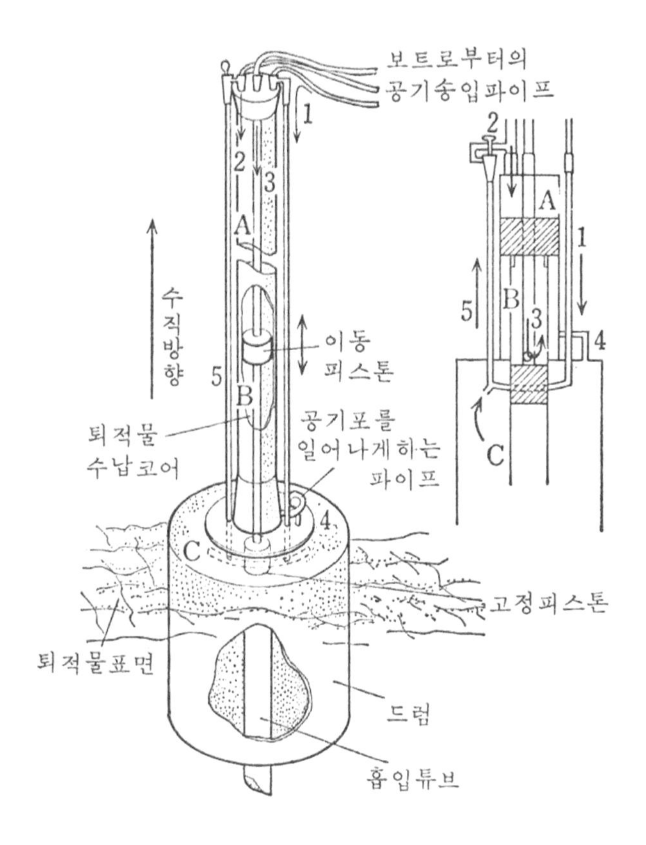

그림 5-5 | 맥카라스가 고안한 채니기

슬대학의 협력을 구했다. 그리하여 측정한 결과 지자기의 편각이 옛날에는 측정오차 범위를 벗어나 동쪽으로 기운 사실(후에 이것은 엑스커션이라 불리게 되었다)을 발견했다.

맥카라스와 그의 조교는 함께 영국의 호수에서 연구하던 중 급속히 부상해 온 채니기에 그들이 탄 보트를 얻어맞았다. 보트는 전복되고, 두 사람은 인적이 드문 호수에서 2시간 동안이나 차가운 물 속에서 헤엄치면서 구조를 기다렸다. 다행히도 두 사람은 구조되었지만 사고 때 받은 충격의 지연 효과로 한 달을 넘기지 못하고 세상을 떴다. 지금은 영국뿐만 아니라 미국, 스위스, 오스트레일리아, 캐나다 등 세계의 과학자들이 그의 채니기 덕을 보고 있다.

약 십수m에 이르는 피스톤 코어러 하부에 직경 및 높이 1m 정도의 드럼통을 닮은 밑이 없는 실린더가 달려 있다.

먼저 이 실린더를 호저에 수직으로 설치한다. 이어 실린더 속의 물을 퍼내는 데 압축공기가 이용된다. 실린더 상면에 파이프가 설치되고 이 파이프 속에서 공기 거품을 일으키게 한다. 그러면 베르누이의 정리(운동하는 부분의 수압은 감소한다)와 기포의 작용으로 실린더의 안쪽 하면의 압력은 바깥 표면 압력보다도 낮아진다. 이 때문에 실린더는 강한 힘을 받아 연한 퇴적층 아래로 압축된다. 그리하여 실린더 상면이 호저면에 도달하기까지 파고든다. 이때 십수 m의 피스톤 코어러는 거의 수직으로 호저에 곧바로 선다.

그 뒤 압축가스로 채니용 코어러가 내려가서 깊게 퇴적 지층에 박힌다. 코어러의 상단에서는 피스톤은 정지되고 피스톤의 바로 아래에 있는 코어러의 내압은 마이너스 압력이 되기 때문에 진흙이 조용히 코어러의 내부에 빨려 들어간다. 이리하여 진흙 채집이 끝나면 다시 압축가스가 드럼통을 닮은 실린더 속에 보내진다. 이때 실린더는 호저면에서 빠져나와 상승한다. 마치 목욕탕 바닥에서 공기가 채워진 대야가 떠오르는 것같이

그림 5-6 | 아름다운 스코틀랜드

실린더는 부력을 받아 수면으로 향하여 급상승하여 마치 로켓처럼 호수면으로 떠오르므로 쉽게 회수된다. 다른 채니기에 비해 사용하기 쉽고 3명 정도면 호수에서 작업을 할 수 있다.

스코틀랜드 지방에는 빙하로 깎인 지형이 많고 U자형 골짜기에 물이 차서 호수가 되거나 해수가 골짜기에 침입하여 길쭉한 만이 생긴 경우가 많다. 이런 호수 바닥에는 역사시대나 선사시대의 기록이 남아 있다.

그러나 제4기 중기나 초기시대의 기록물은 존재하지 않아 연구는 불가능하다. 왜냐하면 뷔름 최종 빙기(데벤시언 빙하) 때에 모든 제4기의 퇴적 지층은 토양과 그때까지의 식생과 더불어 남방으로 밀려 흘러 버렸기 때문이다.

뷔름 빙기 후의 홀로세가 되자 얼음이 녹아 호수가 생성된 것이 약 8,000년 전이다. 그리고 겨우 지층이 호저에 쌓이게 되었다. 그 때문에 홀로세의 식생과 그 이전의 식생과는 완전히 단절되어 거의 관계가 없다. 식생은 토양이 새로 만들어지고 나자 다시 생겼다.

제3장에서 얘기한 것같이 스웨덴도 영국과 비슷하게 식생이 변화했고, 그 변화는 오래된 식생과 연속된 다른 제방보다는 훨씬 단순하여 연구하기 쉽고 화분학(폴리놀로지)이 처음으로 발전한 곳이기도 하다.

화분학뿐만 아니라 호수에 대한 고지자기학도 현재 에든버러대학과 스웨덴의 대학에서 활발히 진행되고 있다.

북부 유럽의 빙하 대지에 비하면 일본 열도는 빙기 중에도 일부 산악 이외는 빙하작용을 받지 않았고 호수에는, 예를 들면 비와호에는 제4기 이전부터 현재에 이르는 완전히 연속된 호저 퇴적물이 존재한다.

그럼 어떻게 이렇게 긴 지층이 비와호의 호저에 존재하는가 생각해 보자.

일본 열도 각지에서 중력을 측정했음은 앞에서 얘기했다. 제2차 세계대전 후에 마쓰야마(松山) 교수의 뒤를 이어 쓰보이(坪井忠二) 도쿄대학 교수가 일본 측지학 위원장이 되자, 국토지리원에서 재차 중력을 측정했을 때 비와호를 중심으로 한 지역의 중력값이 극히 낮다는 것이 알려졌다. 중력 이상값이 마이너스가 되어 있었다.

등중력선(等重力線, 중력이 서로 같은 지점을 잇는 곡선)이 비와호와 거의 같은 형상을 나타낸다는 이상적인 상태가 쓰보이 교수의 주의를 끌게 됐다.

그것은 호수 바닥에 두껍고 비중이 가벼운 지층이 쌓인 한편, 그 주위에는 밀도가 높은 화강암이 둘러싸였기 때문이라 했다. 그 후 교토대학의 사사지마(笹島) 교수나 아베(阿部) 강사가 해저 중력계로 비와 호저의 중력 값을 더 자세히 측정한 결과 마이너스의 중력 이상값은 의심할 바 없을뿐더러, 계산에 의하면 호저 1,500m까지 두꺼운 점토 지층이 가득 찼다는 것이 밝혀졌다.

이러한 중력 재측정이 호저에서 실시되기 전인 1972년에는 교토대학

그림 5-7 | 비와호(琵琶湖)의 보링 작업 광경

호리에 교수가 이미 호저에서 200m에 이르는 긴 보링 코어를 채집하는데 성공했다.

획득된 긴 진흙 기둥을 중심으로 지구물리학, 지구화학, 지질학, 광물학, 고생물학, 연대편년학(年代編年學) 등의 전문가가 각각 독립적으로 연구를 행했다.

필자는 고지자기학의 전문 분야에서, 또 이 책의 공저자인 후지 씨는 화분학, 마찬가지 나카이 씨는 동위원소분석(유기물)의, 또 이케베 씨는 호수의 역사를 종합하는 지질학의 입장에서 연구에 참여하여 1년 못 되어 다음에 얘기하는 결과가 나왔다.

비와호 이야기

일반적으로 세계의 호수의 수명은 그다지 길지 않다. 기껏 10만 년 정도로서 호수는 자꾸 퇴적물로 얕아져 끝내는 없어져 버린다.

일본 나고야(名古屋)시 근처에 있던 큰 호수는 100만 년도 못 되는 사이에 말라 버렸다. 그런 실례는 세계적으로 꽤 있고 미국 오대호도 어느 땐가는 같은 운명을 겪을 것이다.

수력 발전용 댐도 그 예외는 아니고 상당히 급속히 사용하지 못하게 된다고 한다. 그런데 비와호는 태곳적부터 호수였고 그 수명이 대단히 길다. 호저가 깊은 탓일까? 실은, 이 지방의 지각 구조 운동에 의하여 호수 지반이 침하를 계속했기 때문이다. 이 침하 대신 호수를 둘러싸는 화강암과 고생층 지대가 상승하여 주변에 산이 생성되었다. 침하 속도는 100년간에 약 5㎝로 상당히 빠르고 호수 아래에 침하물이 퇴적하는 속도와 거의 같다. 침하물이 쌓여 호수는 얕아지는데, 한편 그만큼 호수 지반이 가라앉기 때문에 언제나 호수의 깊이는 변함이 없다. 이것이 비와호가 장수한 원인이다.

그럼 왜 침하가 현재만이 아니고 오랜 제4기 중에도 계속 일어났는가? 그 이유는 간단하다. 지금부터 8,000만 년 전인 중생대 말기에 일본 열도가 휘기 시작하여 제3기 초(6,000만 년 전쯤)에는 반대로 <자 형상이 되었다.

태평양 해저가 계속 확대해 온 것은 앞에서 소개했다. 열도가 휘기 전

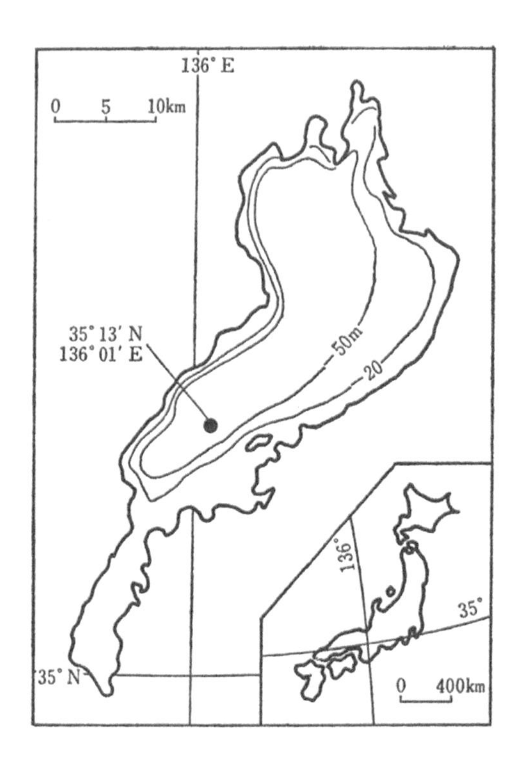

그림 5-8 | 비와호(琵琶湖)의 보링 지점

까지 태평양 해저는 지금의 서부 일본이 늘어나는 방향의 직각으로, 즉 북서로 이동하여 당시의 일본 해구(日本海構) 밑으로 숨어 들어가 맨틀 대류 일부가 되었다.

일본 열도가 휘기 시작할 무렵부터 해저류의 방향이 변화하여 지금 도호쿠 일본의 연장선에 대해 직교하는 방향으로 이동하기 시작하여 현재의 일본 해구 밑으로 파고들게 되었다. 이 흐름은 일본 열도를 거의 동서 방향으로 강하게 압축하는 결과가 된다. 해저 흐름의 방향이 변화했기 때문에 일본 열도가 휘었다고 생각하는 사람이 있을 정도이다.

동해도 확대됐다고 생각하는 지구물리학자가 있다. 그들은 그 때문에 일본 열도가 휘었다고 믿는다.

아무튼 이러한 열도 주변의 지각운동은 제3기는 물론, 제4기를 거쳐 현재에 이르기까지 계속했고, 열도 자체가 동서 방향으로 압축되었음을 말해 준다.

이 압축 결과 식탁보가 동서 방향으로 줄어들 때처럼 남북 방향으로 뻗은 산맥과 골짜기가 만들어졌다. 더욱 응력(應力)이 세지고 지각의 변동이 심해져 암석이 갈 곳이 없어지면 동서 방향의 응력에 대해 거의 45°로 두 종류의 단층면(斷層面)이 생겨 이 평면이 꼭 비와호 근방에서 거의 수직한 평면이 된다. 이 단계가 되면 지각은 소성변형으로 휘지 않고 파단(破斷)하여 단층면에서 접촉되는 지괴가 위 또는 아래로 운동한다. 단층면도 단지 한 장이 아니고 몇 장이나 평행으로 발생한다.

두 종류의 방향으로 몇 장씩이나 단층면이 생겨 마침 비와호 아래가 지괴운동으로 침하하자 그것을 둘러싸는 다른 지괴가 상승했다고 생각된다.

그 결과 비와호는 400만 년 전에는 전신(제1비와호)이 생겼고, 제4기 초에는 이미 현 위치 근방에 존재하여(제2 비와호) 퇴적이 시작되었다.

가까운 장래에 1,500m를 넘는 대규모 보링이 실시될 예정이다. 그러나 이것은 여러 가지 위험이 수반되며 신중을 기하는 작용이다.

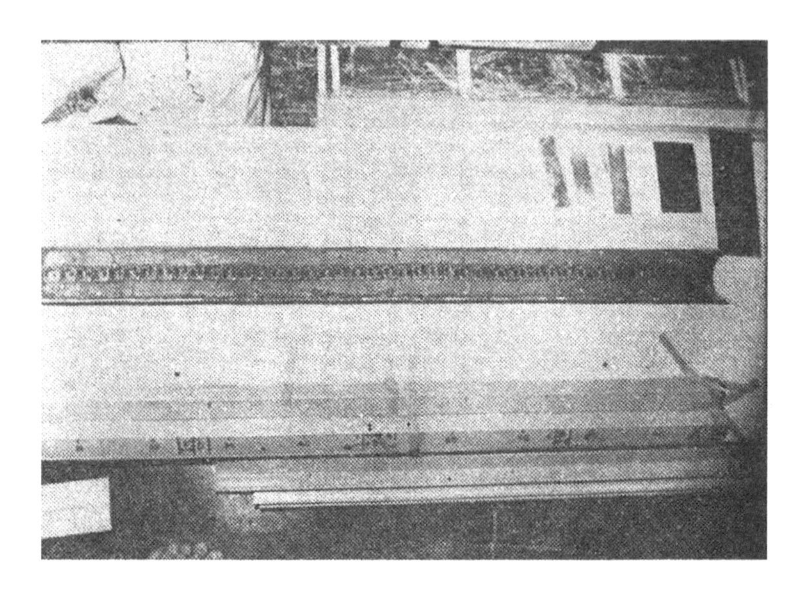

그림 5-9 | 비와호 아래에서 보링한 시료

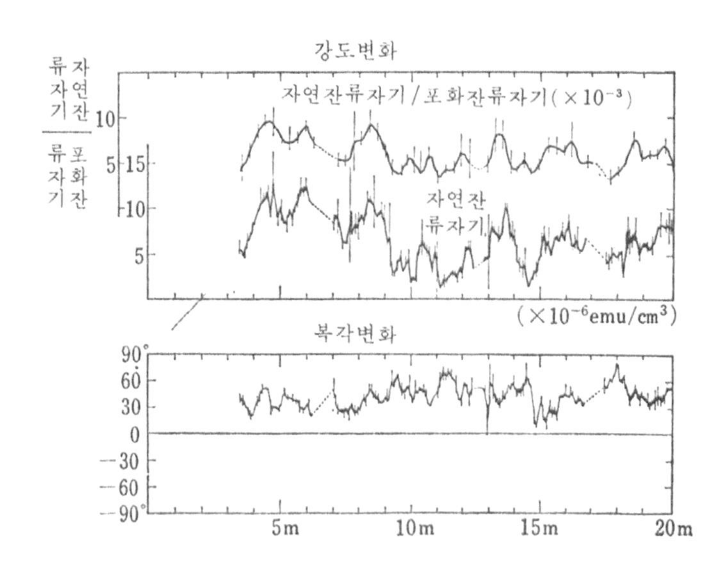

그림 5-10 | 시료에서 얻어진 지자기의 변동. 강도 변화(위)와 복각의 변화(아래).

이미 채집된 200m 진흙 기둥 속에는 제4기 시대의 꽃가루와 고생물 유체가 들어 있을 뿐만 아니라 당시의 광합성으로 만들어진 유기물이 포함되었다. 이것은 오랫동안 공기가 유입되지 않는 상태에서, 더욱이 14℃로 호수 아래에 조용히 보존되어 온 것이다.

이것은 공기 중에서 실온에 방치하면 유기물이 분해하거나 곰팡이가 생기므로 모든 시료는 냉동기 속에서 -5℃로 보존되었다.

고지자기 측정을 담당한 저자들은 코어의 중심부 진흙을 채집하여 그림 5-9에 보인 연속된 한 변이 2㎝의 시료를 2만 개 정도 만들고 그 중반 정도를 측정했다.

그림 5-10에는 진흙 기둥의 위에서 아래로 향하여 (현재에 가까운 시대로부터 제4기로 거슬러 올라가) 지자기 변동을 추구한 결과를 나타냈다.

지자기는 북을 가리킨다고 하지만 천문학적 북(진북)을 정확하게 가리키지 않고 그 방향에서 동 또는 서로 몇 도 벗어난다. 이 벗어난 각도를 편각(偏角)이라 부른다. 또 지자기의 자력선은 항상 수평이 되지 않고 북반구에서는 수평면에서 아래로 향하고, 남반구에서는 위로 향한다. 이 경사 각도를 복각(伏角)이라 부른다.

그런데 200m 보링에서는 처음에는 고지자기를 연구할 예정이 없었기 때문에 보링이 거의 수직 방향으로 실시되었다는 것만 확인되었을 뿐 자연 방위(수평면과 자오면 등)가 부기되지 않았다. 따라서 진흙 기둥의 단면은 거의 수평이었다고 생각되지만, 그중에서 어느 방향이 북을 향했는가는 불분명했다.

그래서 앞에 얘기한 복각과 자기 강도는 측정으로 밝혀졌으나 편각은 구하지 못했다. 그림 5-11은 구해진 이 두 자기 성분이 시간적으로 얼마나 변화하는가를 나타낸다. 지자기의 전 성분을 파악하지 못했으나 그 변화에 대하여 갖가지 정보를 얻었다.

그런데 지금부터 69만 년 전에 자기장의 반대 방향인 마쓰야마 시대가 끝나고 그 후 브륀 정상 자기장 시대가 되었는데 그때부터 현재에 이르는 장기간에는 자기장의 방향은 크게 역전하지 않았다고 생각되어 왔다.

그런데 지금부터 11.5만 년, 18만 년, 28만 년 및 35만 년 전에 지자기가 불안정하게 되어 약 1만 년 정도의 단시간이었지만, 방향이 심하게 진동하여 극성이 정상이 되기도 하고, 반대가 되기도 했다. 지자기의 강

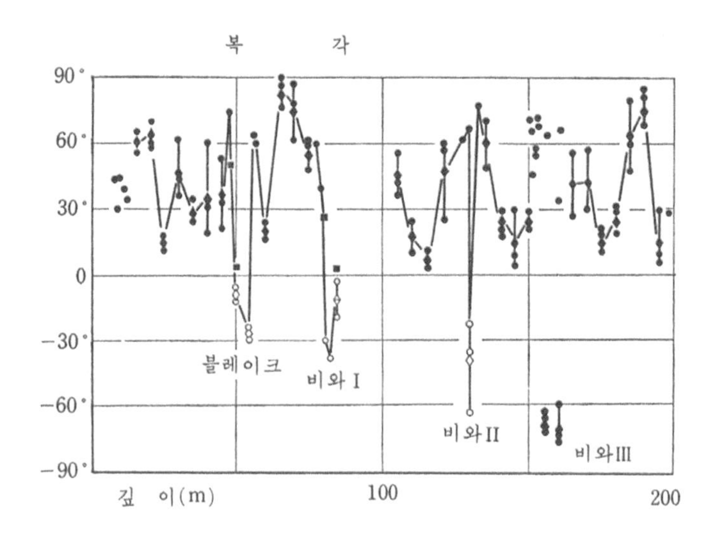

그림 5-11 | 비와호의 200m의 보링 코어를 5m마다 측정한 복각의 변화. 50만 년 이전부터 적어도 4회 변동했고 블레이크, 비와 1, 2, 3사건이라 불리게 되었다.

도가 쇠약했던 것 같다. 제일 새로운 11.5만 년 전의 불안정 자기장은 대서양의 해저 퇴적물로부터도 발견되었다. 이것은 블레이크 사건이라 불린다. 18만 년 전은 비와 1, 28만 년 전은 비와 2, 그리고 35만 년 전의 불안정 자기장은 비와 3 사건이라고 불리게 되었다.

이러한 지자기의 특수한 사건이 비와호의 퇴적물에서만 발견되었다면 이 현상은 국지적인 것으로 범세계적인 현상이 아니라고 생각되겠지만 그 발견 뒤에 곧 소련에서도, 또 나중에 얘기하는 마리아나 해저의 퇴적물에서도 같은 사실이 발견되었으므로 지자기의 불안정 진동 사건은 범지구적으로 일어났으며 아마도 지구의 쌍극자 변화라고 생각되게 되었다.

이렇게 거의 10만 년 정도에 한 번씩(주기적이 아닌) 일어나는 불안정 진동하건 외에도 더욱 비주기적이며, 더욱 단시간이지만 비슷한 불안정 자기장이 생겼다고 알려졌다. 지금부터 1만 8,000년 전과 4만 9,000년 전에 지자기가 불안정해졌다. 그때 자북극이 북극에서 떨어져나와 엉뚱한 장소로 이동해버렸다. 그것도 하필 적도를 넘어 남반구에까지 이동했음을 알았다. 이것은 비와 1 사건과 구별하여 문자 그대로 엑스커션이라 이름이 붙여졌다(그림 5-12 및 13).

그 뒤 곧 미국에서도 스웨덴에서도 지자기의 엑스커션이 발견되어 모두 1만 8,000년 및 4만 9,000년 전이었음을 알았다.

1만 8,000년은 뷔름 후빙기 중의 사건이며, 4만 9,000년 전도 뷔름 빙기 중의 사건이었다. 말하자면 지구가 한랭했을 때 지자기의 엑스커션이 일어났다. 이들 엑스커션과 한랭 기후는 우연하고 아무 관계 없는 사건일까?

지금 말한 것같이 이 엑스커션은 두 번뿐만 아니고 지금부터 11.5만 년 전의 블레이크 사건까지 도합 11회나 발생했다.

지질학 지식으로는 마침 이즈음이 리스 빙기에 대응한다. 리스 빙기는 뷔름 빙기보다 훨씬 한랭하고 빙하도 대규모로 생겼다. 또 11만 년경이 되자 베이징 원인이나 자바 원인보다 훨씬 대뇌 부피가 큰 호모 사피엔스가 출현한 시기였다.

빙하가 발생한 한랭기에 지자기 방향이 안정하지 못했고 몇 번이나 엑스커션이 일어났을 뿐만 아니라 지자기 강도가 오랫동안 쇠약했음이 밝혀졌다.

지자기 강도 변화를 잘 살펴보면 뷔름 빙기 중에는 낮은 값을 나타낸다. 홀로세가 되자 뷔름 빙기가 끝나 간빙기에 들어섰으며 지구가 온난해졌음은 앞에서 얘기했다. 지자기 강도는 1만 5,000년경부터 갑자기 상승하기 시작하여 1만 년 정도에서 최대값을 나타냈고, 그 뒤 작은 폭으로 진동하면서 조금씩 약화하여 2,000년 전부터는 다소 급속히 떨어졌음이 알려졌다.

지자기가 약할 때는 지구상은 한랭기였고, 강할 때는 온난기가 되었다. 또 지자기 강도 변화는 기후 변화를 조금 선행한 것처럼 보인다.

제3장에서도 얘기한 것같이 가나자와대학의 후지 교수가 꽃가루를 분석한 결과 블레이크 사건부터 현재까지의 기후 변화가 밝혀진 자료가 있다. 꽃가루종의 출현 확률은 대기 온도와 강한 상관관계를 나타냈고, 그 시간 변화를 보면 제4기의 빙기, 간빙기의 반복에 대응하여 기온 변화

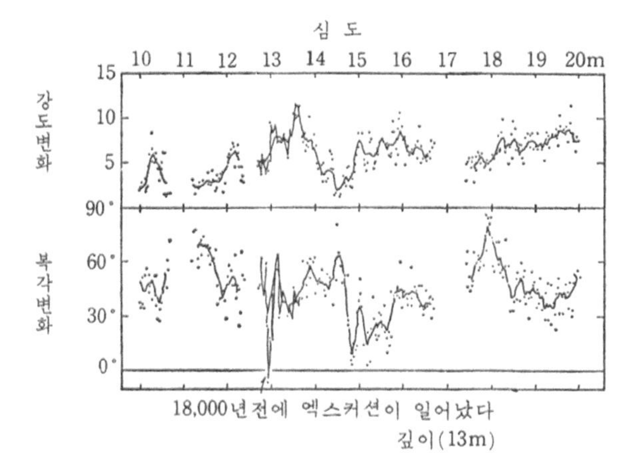

그림 5-12 | 엑스커션(1)

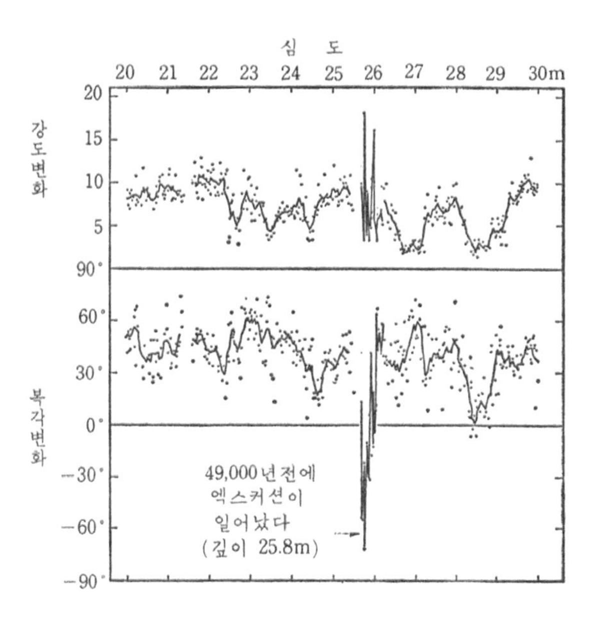

그림 5-13 | 엑스커션(2)

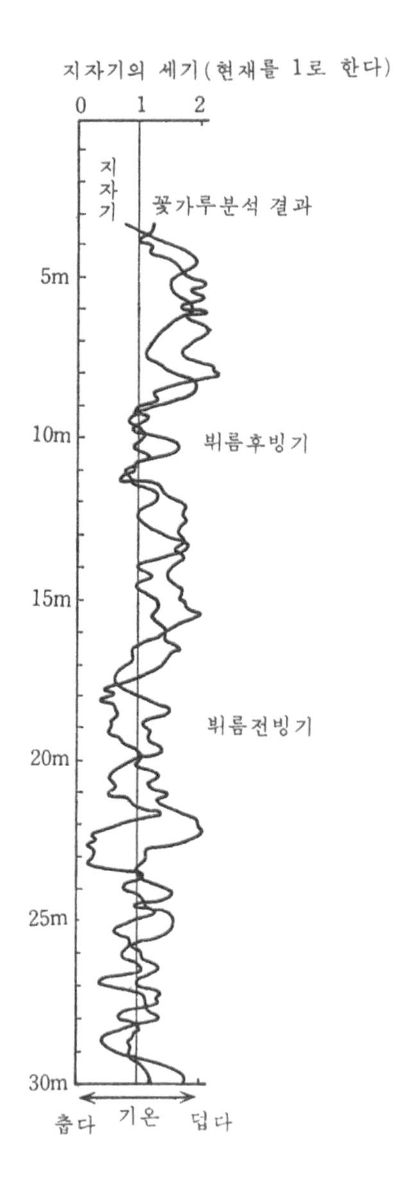

그림 5-14 | 꽃가루로부터 구해진 기후 변화와 지자기의 강도 변화

가 나타나므로 흥미롭다.

그림 5-14는 꽃가루에서 구해진 기후 변화와 지자기의 강도 변화의 두 가지를 비교해본 그림이다. 지자기 강도가 변화하면 거기에 따라 기후도 변동되어가는 모습이 아무래도 기묘하다.

나고야대학의 고야마(小山) 교수와 한다(半田) 조교수는 비와호 아래의 진흙을 유기 분석하여 연대순으로 정리했더니 블레이크, 비와 1, 비와 2 및 비와 3 사건 직후에 유기 탄소량, 탄화수소 및 단백질 탄소가 격감된 것이 발견되었다(그림 5-15).

이 사실을 직감적으로 설명하기 위해 필자는 다음과 같은 원인을 생각했다.

각 사건이 일어날 때마다 지자기가 쇠약해져 지구를 둘러싸는 자기권이 수축하고 우주선과 태양으로부터 날아와 자기권에 포착된 전자와 양성자가 대기 중에 침입한다. 그 결과 대기 중에 무슨 이상이 일어나 한랭화한다. 이 때문에 다음 몇천 년간은 호수 속 및 바깥에서는 광합성이 억제되어 갖가지 유기물 생산이 격감했기 때문이다.

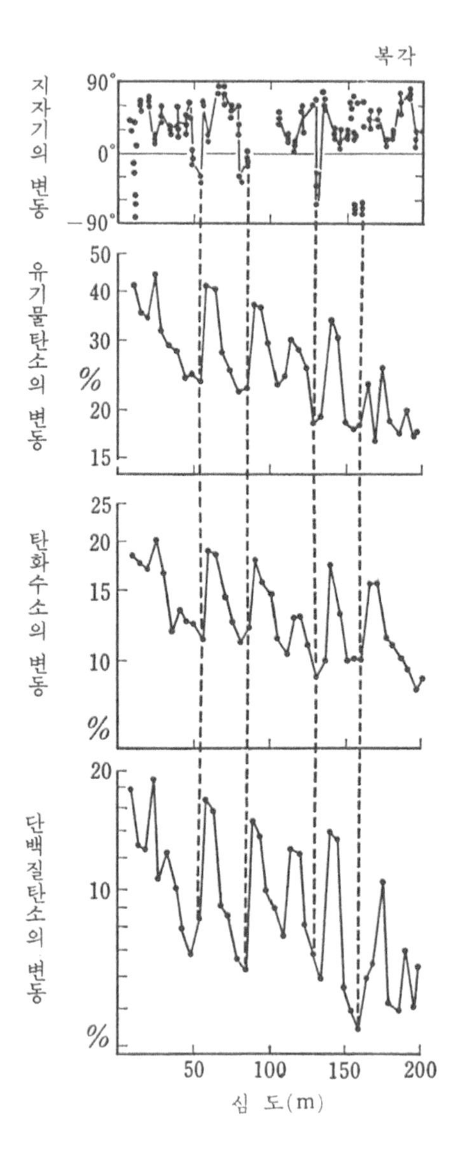

그림 5-15 | 200m는 50만 년과 대응하며 지자기의 쇠약 시에 유기탄소, 탄화수소, 단백질 탄소가 격감했다.

바람과 물 속의 먼지

불어오는 바람 속에도 갖가지 세밀한 먼지가 무수히 있다. 건조한 흙가루, 모래와 화산의 회연(灰煙), 우주로부터 온 하늘의 먼지, 산불의 연기나 사람들의 살림살이에서 일어나는 먼지, 그리고 잊어서는 안 되는 초목의 꽃가루이다.

그 먼지들은 각각 자기를 띠고 진흙 속에 옛날 지자기의 모습을 남긴다. 고지자기 연구는 이런 먼지 때문에 가능했다. 또 꽃가루는 한란의 변이를 반영하여 제4기 때의 열도 풍경의 변화나 온도 변화를 말해 준다. 또 물을 머금고 떨어진 먼지는 대기 중의 수증기나 기온의 오르고 내림에 따라 증감하고 빙기와 간빙기의 반복을 반영한다.

또 흙은 많은 유기물질을 포함하고 다량이 되면 검어진다. 당시의 기후가 온난하면 산과 들에서 만들어진 광합성 물질이 많아진다. 비와호 아래에서 채집된 200m 퇴적물은 최하부로부터 위로 향하여 5m마다 한 장소에서 진흙이 채집되어 시료 중에 포함되는 꽃가루종을 현미경으로 조사했으며, 50만 년 이전부터 지금까지의 제4기 후사반기분의 기후 변동이 밝혀졌는데 제3장의 그림 3-30에 보였다.

그런데 그림 3-30의 세로축은 코어의 심도로서 하부는 오래되었고 상부는 새롭다. 그리고 최상부는 호수의 현대에 일어난 퇴적물이 있는 위치이다. 가로축은 어느 꽃가루 종이 시료 중에 함유되는 분량으로 그것이 전 꽃가루의 몇 %인가를 표시한 것이다. 오른쪽 끝이 100 %, 왼쪽 끝이 0 %이다.

1번이 부기된 꽃가루는 고위도 지방의 침엽수 꽃가루이며 현재 홋카이도나 사할린에서 자라는 누운잣나무, 가문비나무, 일본 가문비나무, 붉은 가문비나무의 꽃가루이며, 그 양이 시간과 더불어 어떻게 변화했는가 나타냈다.

예를 들면 코어의 최상부로부터 깊이 33, 50, 110m 등에서는 이런 종의 꽃가루량이 60%에서 70%가 되었고, 그즈음 호수 주변은 추웠다. 또 5m나 80m 깊이의 진흙이 싸였을 때는 침엽수 꽃가루는 극단적으로 감소했고, 중위 도에 번성한 장목, 떡갈나무, 졎꼭지나무, 구실잣밤나무에 이르는 꽃가루가 증가하여 일본 열도는 온난한 기후였다.

일본 열도는 제4기를 통해 태평양 해류의 혜택을 입어 한랭 시에도 북아메리카나 유럽처럼 극심한 한파에 휩싸기 지 않았고 빙상에 덮이지 않았다.

그러나 꽃가루라는 한란계의 기록에는 한란의 자국이 그대로 남는다. 제일 추운 시기에는 기온이 현재의 평균값보다도 5 내지 7℃나 낮아졌다. 저온 시는 50만 년 사이에 12번이나 되풀이되었다. 그 반대가 되는 온난 시에는 지금보다 2℃나 높았다. 최고와 최저온도 차는 7~9℃에 이르렀으므로 현대인의 상상을 넘어선다.

호수의 꽃가루가 말하는 기후 변동은 일본 열도에 한정된 국지적인 현상이 아니라 더 광범위한 범세계적인 규모로 발생했는지 알아보자. 그러기 위해 후지 교수가 전에 에밀리애니 교수가 카리브해에서 채집한 진흙 분석 결과와 비와호에서 얻은 결과를 비교한 것이 그림 5-16이다.

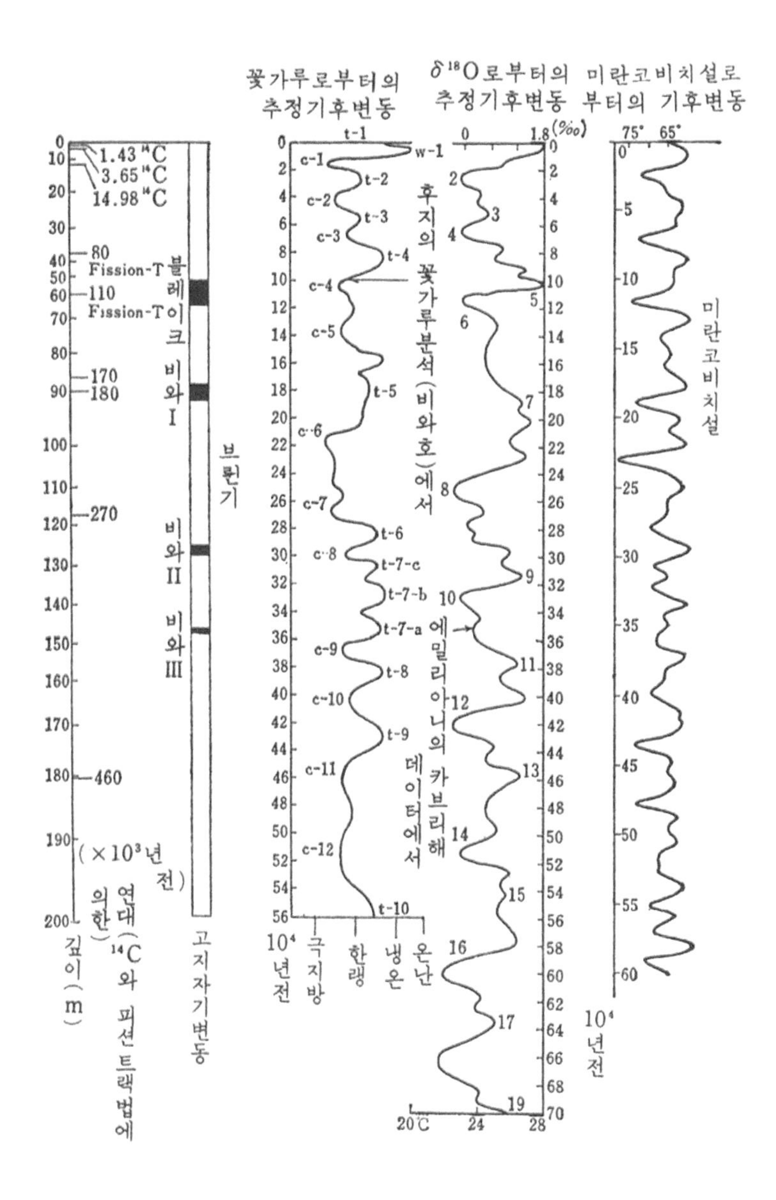

그림 5-16 | 후기(藤), 에밀리애니, 밀란코비치의 데이터로 보는 기후 변동.

카리브해에서 채집된 시료는 산소 동위원소 분석이 실시되어 온도 변화가 구해졌다. 또 이것과 관계없이 밀란코비치설로 추정할 수 있는 대기 온도와 비교했더니(그림 5-16의 오른쪽 곡선) 카리브해와 비와호의 곡선과 잘 일치했다. 비와호의 진흙에서 구해진 기온 변동은 세계 공통이었다.

또 같은 그림 좌단에는 탄소 동위원소 ^{14}C에서 구한 과거 연대에서 홀로세가 시작되어 빙기의 추위가 채 가시지 않던 추운 1만 5,000년과 11만 5,000년 전의 블레이크 사건(아자극기) 등이 참고 연대로 기입되어 있다.

그럼 네안데르탈인이 출현하고 얼마 되지 않은 3만 년 전 경부터 뷔름 빙기를 거쳐 홀로세에 이르고 현대로 향하는 기후의 변동 양상이 북아메리카와 유럽의 빙상 남하와 북상(그림 5-17의 1, 2 및 4 곡선)으로부터 추정된다. 또한 산소 동위원소인 ^{18}O와 ^{16}O의 비 측정(그림 5-17의 3 및 5 곡선)으로부터도 추정된다.

또 이밖에도 해면의 오르고 내리는 상황과 아울러 추측(그림 5-17의 7 곡선)되며 이것을 다른 그림과 비교할 수 있다.

각 입장에서 전혀 독립적으로 구한 각 곡선의 미세한 변동은 반드시 일치하지 않지만, 대략적인 진동 양상은 서로 상통된다. 또한 비와호의 자료(그림 5-17의 6 곡선)는 기후 변동을 잘 나타내며 가장 해상력이 있고 신뢰도가 높다는 것도 알았다.

비와호 퇴적물 중에 포함되는 유기물을 꺼내서, 그 탄소 동위원소 ^{13}C 분석으로 기후 변동이 나고야대학의 나카이 교수에 의해 밝혀졌다(제4장 참조). 후지 교수의 꽃가루 분석과 탄소 동위원소의 편찻값인 $\delta^{13}C$ 분석 결

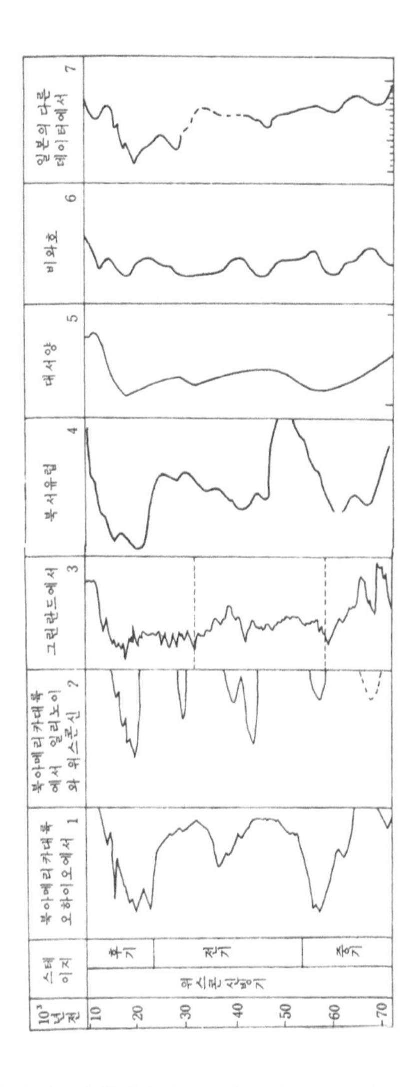

그림 5-17 | 약 7만 년 전부터 현대에 이르는 기후 변동. 1, 2 및 4는 빙상의 발달과 융해에서 구한 기후 변동, 이하 3은 그린란드 빙하의 $\delta^{18}O$에 의한 기온 변동, 5는 에밀리애니가 조사한 카리브해에서의 $\delta^{18}O$에 의한 수온 변동, 6은 비와호에서 채집한 꽃가루 화석에 의한 기후 변동, 7은 홋카이도대학 미나토(湊) 교수가 조사한 북부 일본 주변 단구의 해수준 변동.

과를 비교하여 둘 사이에 그다지 큰 차이가 없다면 따로따로 구한 두 가지 추정법의 정당성이 증명될 뿐만 아니라, 구해진 변동은 실은 제4기 후사반기 사이에 빙기와 간빙기가 반복되는 데 기인한다는 것을 말해 준다. 그림 5-18에서 보는 이러한 비교는 상당히 닮았다.

그림 5-19는 호수에서 발생하여 시간과 더불어 진화한 비와호의 규조(硅藻) 화석의 개체 수와 진흙 속의 유기물 중에서 분리한 탄소 ^{13}C의 편찻값 $\delta^{13}C$와의 상관관계이다.

이 규조는 그림 5-20같이 길쭉한 직사각형 보양을 한 멜로시라 소리다와 스테파노디스카스 카르 코넨시스라는 그림 속의 원판형 규조인데 수중에서 광합성을 하면서 성장하는 식물이다. 이 두 종류의 규조는 호수에서 항상 공존한 것은 아니었고 어느 쪽이 때때로 소멸하거나 재발생했다. 기묘하게도 발생하고 소멸한 시기가 지자기가 불안정하게 된 블레이크나 비와 1, 2 및 3의 아자극기와 일치한다.

아무튼 $\delta^{13}C$가 큰 값을 나타낸 시기에 개체 수는 극댓값을, 또 작을 때에 극솟값을 나타냈다.

지자기 불안정시기는 코어의 깊이로 55, 80, 131, 그리고 170m인 곳이다. 또 이곳에서 개체 수도 $\delta^{13}C$와 더불어 격감한다. 호수의 규조나 그 밖의 다른 생물에게 지자기가 불안정하던 시기야말로 재난 시기였던 것 같고, 대부분 사멸하거나 쇠약하여 생장이 억제되었음에 틀림없다.

극히 최근에 와서도 지자기가 쇠약한 때(역전 중이나 불안정 시에)에 지구를 포함하는 자기권이 거의 0 부피로 수축하고 우주선이 내습하여

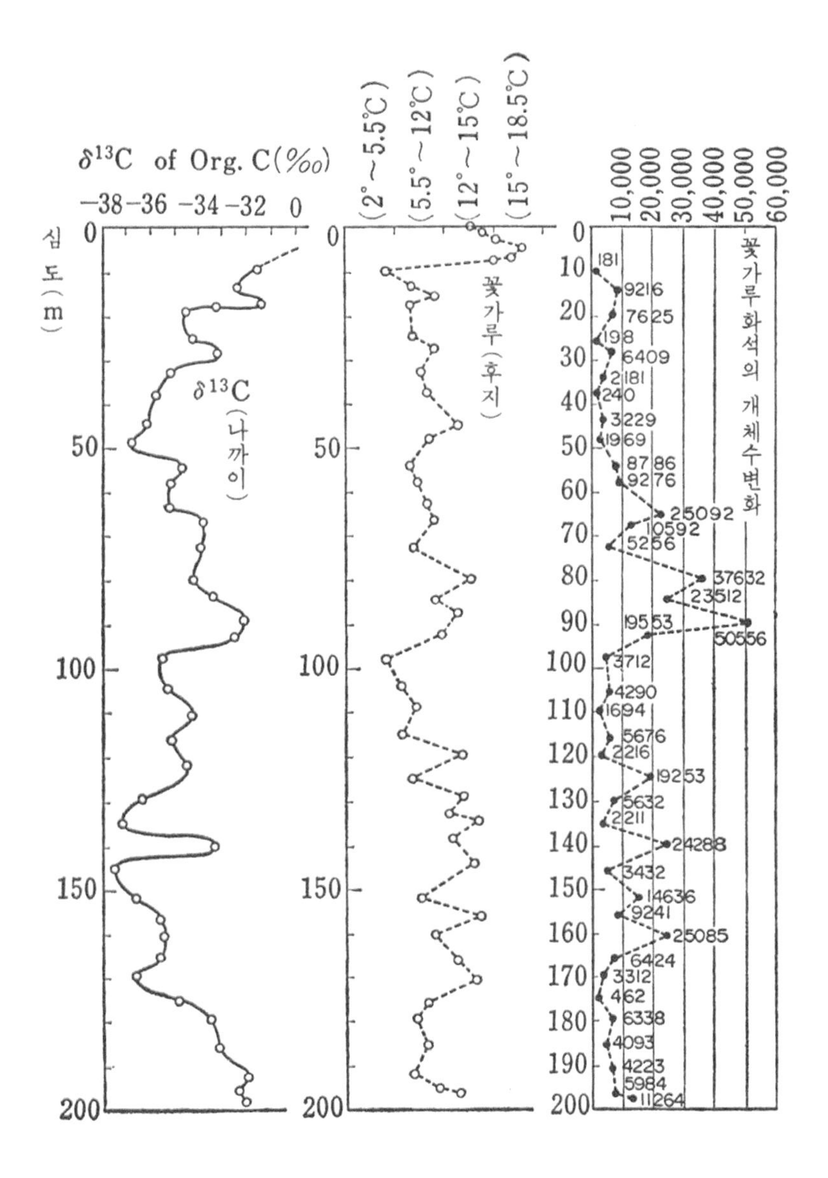

그림 5-18 | 후지 교수와 나카이 교수가 조사한 데이터 비교

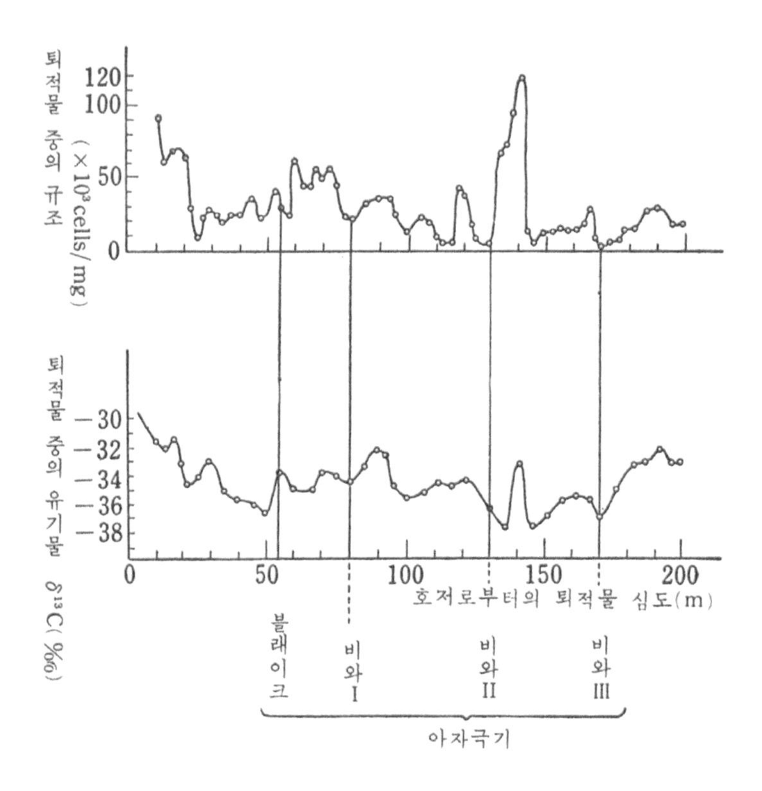

그림 5-19 | 비와호 퇴적물 중 규조 화석의 개체 수와 유기탄소 $\delta^{13}C$의 수직 변화.

대기에 강하게 충돌하여 일산화질소(NO)가 생겼다. 그러자 오존층이 엷어져 자외선이 강한 햇빛이 지구 표면에 쏟아진다. 이때 빛에 쬔 미소 생물은 사멸한다.

이 이야기를 듣고 사람들은 놀랐다. 결과적으로 비와호의 규조가 이 때문에 죽었다고 생각하면 이상하지 않다는 것이다.

그러나 이것은 거짓말이다. 그들은 물속에 산다. 물은 자외선을 막아

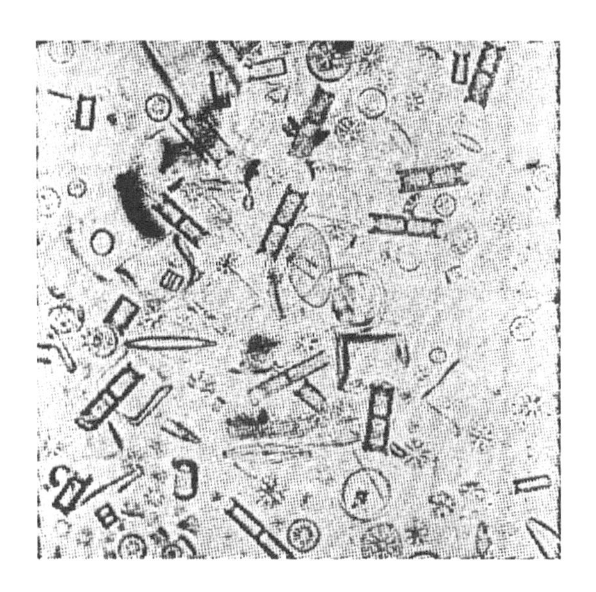

그림 5-20 | 규조의 화석

주는 미달이 구실을 하기 때문이다. 자기장이 쇠약한 때에, 나중에 얘기 하는 다른 사건이 동시에 일어나 생물이 화를 입었음에 틀림없다. 이 규조는 10미크론에도 미치지 않는 미소한 물속의 먼지 같은 식물이다.

마리아나해로부터의 편지

비와호 이야기는 인류시대의 200만 년 역사 중에서도 현재에 가까운 4반분의 1 사이의 기간에 걸친 드라마로서 지구 고환경의 변천이 여러 가지 각도로 분석되었다.

비와호에서 획득한 200m 기둥 속에는 지자기의 변천, 고기후의 변동, 강우량의 증감, 생물의 진화를 비롯하여 비와호 자체의 변동까지 세세히 기록되어 있었다. 또한 기록된 상태는 영화 필름에 비유하면 한 컷 한 컷으로 된 화상이 특별히 많았고, 필름을 초고속으로 돌렸을 때 얻어지는 화상처럼 뛰어난 해상력을 가졌다.

장차 1,500m의 심층 굴착에 성공하면 몰라도 현재는 50만 년보다 오랜 시대까지는 거슬러 올라가지 못한다.

그리하여 태평양이나 대서양의 심해저에 쌓인 지층을 채집하여 조사하기 위해 필자들은 도쿄대학 해양연구소의 고바야시(小林) 교수와 협력하여 마리아나해분(海盆)의 퇴적물의 자기측정을 실시했다.

도쿄대학 해양연구소의 연구선(硏究船)은 자기측정, 중력 측정, 수심측정, 지진파의 측정장치, 그 밖의 각종 해양 연구조사가 가능한 도구를 적재한 근대적 연구관측선이다. 그 밖에도 크렌베르그 채니기의 개량된 장치를 비치하고 있었으므로 마리아나해뿐만 아니라 태평양의 각지나 인도양으로부터 수십 개의 보링 코어를 그때 이미 채집하는 데 성공했다.

마리아나해분에서 얻어진 10m 남짓한 보링 코어는 이미 실시된 자기

측정 결과 지자기의 역전 횟수나 정 및 역의 자기장 존속 시간의 길이 등으로부터 추정하여 보링 최하부 연대가 대략 200만 년 전임이 판명되었다.

다만 퇴적 속도가 늦고 지층의 두께가 1㎜가 되는데 대략 200년을 요한다. 퇴적 기둥을 될 수 있는 대로 엷게 판으로 절단하되, 각 박편의 자기 성분이 흩어지지 않게 하려고 비자기성의 나일론 선을 쓴 절단기를 만들었기 때문에 겨우 4.3㎜ 두께의 박편을 기둥 위에서부터 아래로 차례차례 연속적으로 절단할 수 있었다. 그리하여 2,200장 이상의 박편을 만들어 각 판의 잔류자기를 측정했다. 각 장은 대략 600년 걸려 해저에 쌓인 것이다. 측정된 전 지질시대는 200만 년으로 길었는데도 측정 간격이 커서, 마치 서투른 만화영화를 보는 것같이 불만스러웠지만 없는 것보다는 낫다. 아무튼 인류시대 200만 년을 한 기둥에서 연속적으로 알아보게 된 것이다.

마리아나해분의 보링 코어는 비와호와 같은 끈끈한 점토질이 아니었고, 설탕같이 푸석푸석한 흰 입자로 구성되었으며 흰 입자는 모두 유공충 화석이었다. 그것은 탄산칼슘으로 되었기 때문에 염산을 부으면 거품을 내고 잘 녹았다(그림 5-21).

나고야대학의 나카이 교수나 케임브리지대학의 섀클턴 등 질량 분석학자는 이를 분석하여 뜻밖의 결과를 얻었다. 실은 탄산칼슘 중의 산소 동위원소 측정으로 옛날 해양 표면 수의 온도가 추정되었다 부유성 유공충은 바닷물 표면 가까운 곳에 서식했으므로 유공충이 서장중 껍질을 만들 때, 수온의 차이에 따라 껍질 속에 들어 있는 산소 동위원소의 조합이

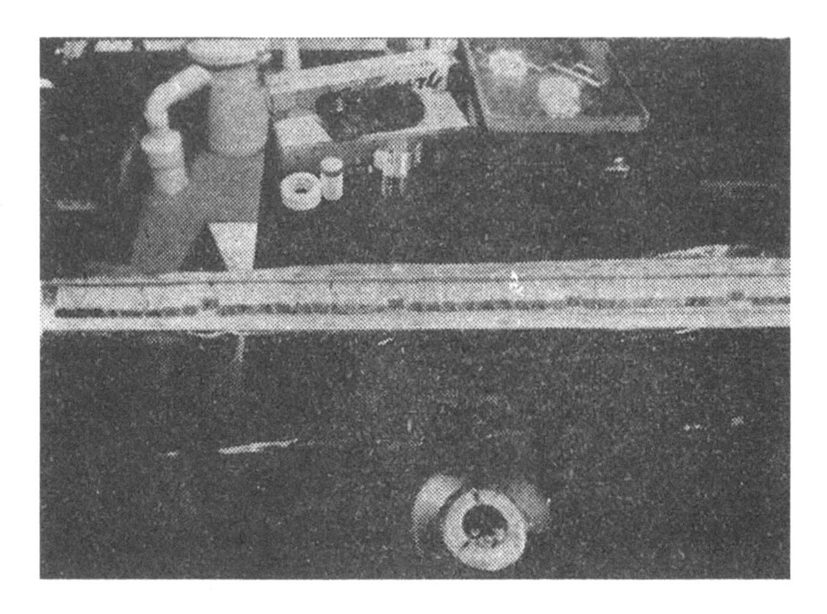

그림 5-21 | 마리아나해에서 얻어진 해저 퇴적물

변화한다. 거꾸로 이 조합을 조사하면 고수온이 추정된다. 그 상세한 이유는 제4장에서 얘기한 대로이다.

지자기와 기후의 상관관계에 대해서는 비와호 조사 때의 이야기에서 언급했는데 마리아나해의 보링 코어로부터 제4기에서 마찬가지 상관관계가 나타나리라 기대했다.

지상에 쌓인 지층에서 해머와 클리노미터(자석과 수준기가 달린 작은 기계)만으로 제4기 지층을 탐색해도 되지만 침식과 풍화작용으로 지층이 결여된 일이 많다. 이에 반하여 호저나 해저 퇴적물은 보존이 뛰어나고, 특히 잔류자기의 영구성이 양호하다. 이것은 퇴적 기둥이 환원적이어서

자기 광물이 산화되지 않기 때문이다.

200만 년 전부터 현재까지의 지자기 강도 변화와 편각 변동은 그림 5-22에 보였다. 지자기가 역전할 때마다 편각이 180° 변화하므로, 예의 브륀기와 마쓰야마기의 경계나 하리미요, 올두바이, 레위니옹 사건에 대한 정역의 불연속점은 1개의 보링 코어 측정으로부터 명료하게 판정될 가능성이 있었다.

뜻밖에도 정역이 반전하는 도중에 자기 강도가 극단적으로 쇠약해진 것과 쇠약 시기가 지금까지 생각된 것보다 훨씬 장기에 걸쳤음이 알려졌다.

또 이렇게 지자기가 극단적으로 쇠약한 것은 자기장 역전 시기에 한정된 일이 아니었고, 가령 106만 년 전에도 일어났는데 방향이 그 전과 후와는 역방향이 되지 않고 똑같은 방향이었으므로 지금까지 알지 못했음이 알려졌다. 실은 지자기 역전과 같은 정도 큰 사건이었다.

지자기 강도가 한 자리 이상 격감한 것은 지자기의 주성분인 정역 두 극으로 나뉘진 자기 성분(쌍극자)이 사멸되었음을 뜻한다. 그 이외의 이상 자기 성분은 남아 변화했기 때문에 2만 년에 걸친 장기간의 쇠약 시에 엑스커션이 계속하여 일어났음이 판명되었다. 때마침 이 시기에 사람들이 자석을 써서 항해하려 했다면 자석은 불안정하여 북을 가리키지 않아 당황했을 것이다.

약 195만 년 전의 레위니옹 사건도 지금 말한 106만 년 전의 쇠약 때와 아주 비슷하고 쇠약하게 되기 전후에 자기장의 극성이 역전하지 않았다.

마리아나에서 판명된 자기장의 역전과 쇠약은 다음과 같은 새 사실을

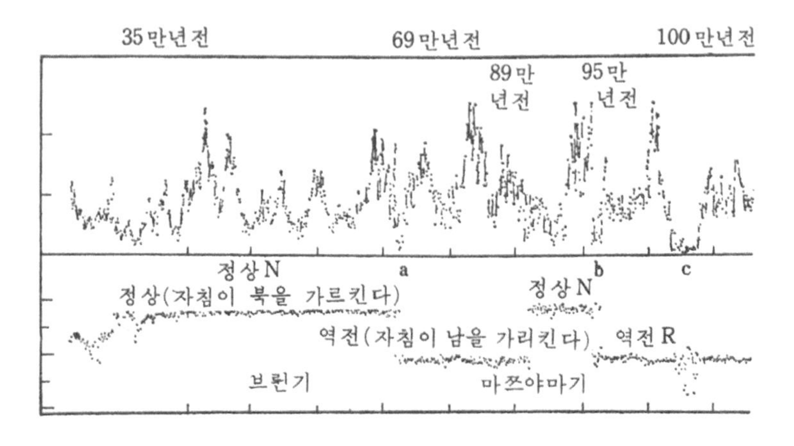

그림 5-22 | 200만 년 전부터 현재까지의 지자기 강도 변화(위)와 편각 변동(아래)

알려주었다.

지자기는 마쓰야마 교수가 예전에 생각한 것처럼 반드시 역전하지는 않는다. 때때로 극단적으로 강도가 쇠약해져 거의 0이 되고 쌍극자 자기장이 소멸한다. 이 소멸 상태는 1만 년 또는 2만 년간 계속되고 그 끝에 가서 새로운 자기장이 탄생하는데 탄생한 자기장의 방향은 지구 자전과 거의 평행하든가 또는 반평행이 된다. 때마침 이전의 방향과 180도 방향이 달라졌을 때는 마치 자기장이 역전된 것처럼 보일 뿐이다. 또 같은 방향이 되면 레위니옹 사건이나 106만 년 전의 사건처럼 사람 눈에 띄지 않는다. 그래서 주의 깊은 사람은 장시간의 엑스커션을 알고 의심스럽게 생각했다.

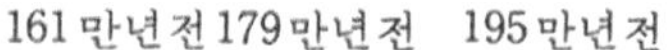

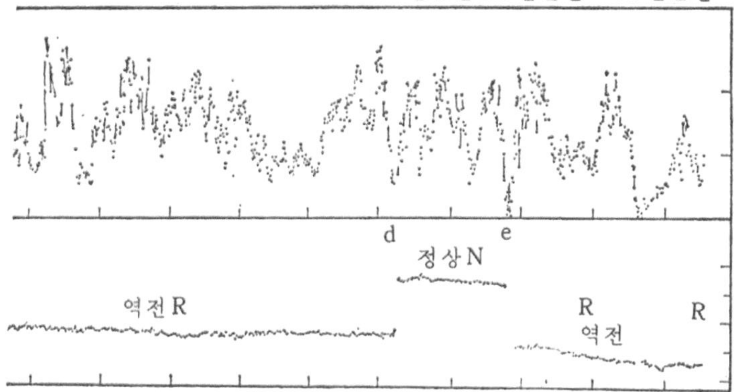

이러한 새 사실 외에도 또 다른 지자기의 수수께끼가 모습을 드러냈다. 편각 값은 이른바 역전 때나 연속 엑스커션 때를 제외하면 거의 변화가 없는데 강도는 편각이 일정해도 예상 밖에 크게 변화된다는 것, 정확하게 주기적이 아니지만 대략 1만 년이 지나면 강해졌다가 차츰 약해진다는 것, 1만 5,000년 전부터 100만 년 전까지는 지자기의 평균 강도는 낮은 값을 나타내는데 현재에 가까운 1만 년 정도와 100만 년 이전에서 200만 년까지의 사이에서 평균값이 현재 값이나 100만 년 전보다 높아졌음이 알려졌다.

그런데 케임브리지대학의 섀클턴 교수는 태평양에서 채집된 해양저의 퇴적물로 저자들이 채집한 마리아나해 퇴적물과 닮은 코어의 산소 동위원소를 분석하여 그것을 제4기에 발생한 얼음 전량의 시간 변화로 변환하여 나타내 발표한 일이 있다(그림 5-23).

또 브륀기와 마쓰야마기의 경계면과 69만 년 전 하라미요 사건의 시작과 종료기(90만 년 전)의 자기장 편각 대변동을 협력자인 라몬트지질연구소의 옵다익이 측정했다. 앞에서 얘기한 것같이 제1장에서 말한 지자기 지층 대비학에 의해 이 자기대 변화는 지층의 연대를 결정하는 데 대단히 유익하며, 현재 거의 모든 제4기 연구자는 이에 의해 지층의 새롭

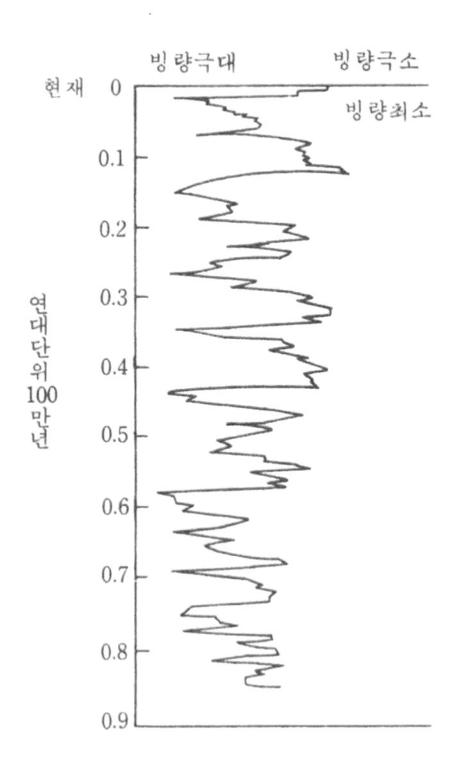

그림 5-23 | 섀클턴의 ¹⁸O의 분석 결과로부터 추정된 세계 빙량 변화.

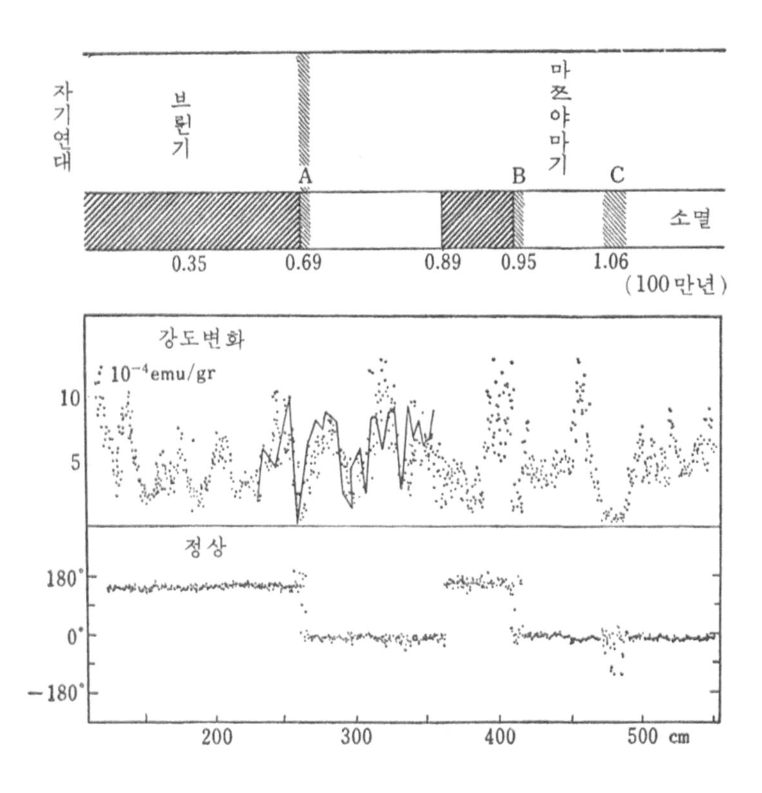

그림 5-24 | 마리아나해 해적 퇴적물의 자기 변동. 실선은 새클튼이 구한 기후 변동. 점의 연결은 필자들이 구한 지자기 변동.

고 오래되었음을 결정한다.

유감스럽게도 옵나익의 측정은 편각 대변동은 좋았지만 상세한 지자기 강도의 시간 변화가 결여되었으므로 지자기가 수만 년 사이에 크게 변동한 데 대한 만족스러운 데이터가 없었다. 필자들이 측정한 결과로부터는 연속적이며 격심한 강도의 시간 변화가 밝혀졌다.

연대 결정이 용이한 브륀-마쓰야마 경계로부터 하라미요 초기에까지 거슬러 올라간 시기의 지자기 강도 변화와 지구상에 발생한 얼음의 전량 변화(섀클턴) 사이에는 그림 5-24에 보인 상관관계가 있다. 이 결과는 비와호 퇴적물에서 밝혀진 지자기와 기후의 상관관계와도 정성적으로 잘 일치한다.

호모 사피엔스가 걸어온 길

이제 이 책 이야기도 막바지에 이르렀다. 인류가 발전되어 온 역사는 아직 완성되지 않았지만 대략 그 대장이 결정된 느낌이 든다.

인류의 장래를 점칠 필요가 있어 누가 언젠가는 반드시 정확하게 예언하게 되리라는 것은 이 책의 처음에서 얘기했다. 그리고 인류의 발전사가 완성될 무렵, 종말이 갑작이 닥칠 것이라고도 얘기했다.

그런데 인류시대의 끝 무렵에 가까운 즈음, 역사시대 이전에 홀로세가 시작될 때였다. 마침 뷔름 빙기가 끝나고 간빙기 초인데 호모 사피엔스(新人)라 불리는 우리 조상이 출현했다. 그들은 그때까지의 모든 생물로부터 혁명적으로 변화하여 초능력을 갖추었으므로 지구는 마치 수십억 년이나 들여 그들이 활약하기 위해 준비해 왔다고 생각될 정도였다. 이즈음 대형포유동물이 아시아, 유럽 및 북아메리카 대륙에서 사람의 식량이 되기 시작했다는 것은 제1장에서 얘기했다. 지금부터 7,000년 전의 사건이었다. 매머드 코끼리와 울리라이노세라스(양털 코뿔소), 그리고 사향소 등이 불쌍한 희생물이 되었다. 고기는 사람의 식량이 되었고, 가죽은 그들의 옷으로, 뼈는 도구로 사용되었다. 인간이 사용한 공격 도구는 흑요석과 플린트로 만든 날카로운 신석기였다. 기묘하게도 큰 동물의 죽은 장소는 상당히 고위도 지방인 시베리아의 북부나 알래스카를 비롯하여 베링 해협 지대였으므로 흥미로운 당시의 지구 환경을 상상하게 한다.

이즈음의 지구의 온도는 뷔름 후빙기 무렵부터 급속히 회복되기 시작했고, 상당히 고온의 간빙기 지구 대기에 싸여 그때까지 퍼졌던 빙환(氷環)이 수축하기 시작했다. 고위도 대지에 암반이 노출되고 풍부한 융해수가 빙하에 깎인 완만한 골짜기를 적시고 해양으로 돌아갔다. 대기는 덥지만, 아직 얼음이 남아 있는 특수한 기후였다.

추운 뷔름 후빙기 무렵 적도대나 저위도 지방에 갇혔던 동물과 식물은 이 간빙기 때 급속히 북상을 강요당했다(적도대는 너무 덥고, 저중위도대는 건조했다).

노출된 암반에 녹은 물이 작용하여 새롭게 토양이 제조되었고, 상당히 고온한 대기는 이 땅에 풀이 자라도록 촉진했다. 이 풀과 물을 구하여 초식하는 큰 동물들이 이 고위도의 땅에 모였고, 잔학한 인간은 이 얌전한 동물을 죽여 식량으로 삼았다. 알래스카에서 얼음에 갇혀 냉동된 매머드와 이를 좇아 북상해 온 인간이 발견되었다. 해부했더니 이 인간의 위 속은 텅 비었었다고 한다.

마침 이때 일본 열도에는 많은 조몬 인간이 나타나 따뜻한 선사시대를 구가했고, 신석기를 들고 토기(土器)를 만들면서 남쪽에서 북쪽으로 퍼졌고, 사할린을 거쳐 육교를 건너 시베리아로 향했다. 또 시베리아를 거쳐 캄차카로, 그 북동쪽에 있던 베링육교 지대를 지나 한 떼의 북상 인간이 긴 여행을 계속했다.

이 무렵 세계의 해진(海進)은 얼음의 잠열(潛熱)이 컸기 때문에 대단히 늦었다. 기온이 벌써 충분히 회복되었는데도 불구하고 해수면의 회복은 늦어지고 그 때문에 각지에 육교가 남아 있었다.

그리하여 드디어 알래스카를 건너, 태평양 해안지대를 통과함으로써 아마도 그 땅 위에 전개되어 빙상의 대지를 피하면서 남하하여 온화한 아메리카 대륙의 낙원을 향하는 한 떼가 있었을 것이다. 이들은 전기(前期) 루아노인이었고, 그로부터 발전한 후기 루아노인도 식육인종이었고, 또 여기서부터 변모한 폴삼인도 광폭한 사냥꾼이었다.

그 후 겨우 2,000년도 못 되어 깜짝하는 동안에 광대한 대륙을 남하하여 파나마지협을 건너, 드디어 남아메리카 대륙으로 침입했다. 그들은 역사시대의 마야, 아즈텍, 그리고 잉카의 거석 문명을 건설한 민족의 조상이 되기도 했다.

남아메리카는 동물과, 그리고 인류의 마지막 도착지였다. 동물과 사람이 걸어간 길은 엄청나게 길고, 또한 그들은 퍽 걸음이 빨랐다.

유럽에서도 아시아와 마찬가지로 인간과 동물의 북상로가 있었던 것 같다. 지중해와 알프스산맥이 동서 방향으로 뻗어 앞길을 가로막았기 때문에 북상로는 이를 피해 사행할 수밖에 없었고, 서부 아시아에서 지중해 북부 해안을 서로 향하여 나갔고, 프랑스 서해안으로부터 북상하여 러시아 북부에 도달했다. 한편 독일을 지나 스칸디나비아반도 동쪽으로 향하는 길도 생겼다.

홀로세 초의 해진(해면상승)이 기후 회복이 되었는데도 예상밖에 늦어졌기 때문에 현재는 바다 가운데 있는 섬들을 육교로 잇는 북상로가 연속되었다.

아시아와 유럽 사이에는 히말라야, 문룬 및 톈산산맥이 사이를 막았기 때문에 문자 그대로 서양과 동양은 둘로 분단 되어 두 땅 안에서만 각각 길이 통했다.

사람들은 동물의 고기를 먹으면서 북상한 이상 그 길은 그 앞에 존재했던 '짐승길'과 합치했다. 이 길이 남쪽에서 시작되는 점은 아마 서부 아시아에 있는 흑해의 서쪽 근방이었다. 뷔름 빙기에 호모 사피엔스는 이 근방의 동굴에서 살다가 북상했다.

같은 뷔름 빙기라도 약 3만 년 전에는 네안데르탈인이 근처의 동굴에서 살았고, 무스테리안 석기를 써서 사냥했는데 나중에는 크로마뇽인과 호모 사피엔스와 교대되었다.

그럼 이 길의 북쪽 끝은 어디쯤이었을까. 그것은 호모 사피엔스가 쓴 신석기가 발견되는 땅의 북쪽 한계선이며 북위 70° 이상이라 스칸디나비아반도의 끝까지 이르고 북극 해안에까지 도달했다.

홀로세 중기가 되자 평균기온은 현재보다도 2~3℃나 높아졌고 온도도 증대했으므로 이 고위도 지방에서도 아직 정착은 못 했지만 생활할 수 있었고, 오히려 적도나 저위도에 사는 것보다는 좋은 조건이었다.

그러나 이 땅에 도착한 사람들은 여름의 반년간은 사양의 백야에, 또 겨울의 반년은 연속된 암흑의 밤을 지내야 했다. 이 일광의 특수한 조건에 스스로 조절한 인간의 피부에는 멜라닌 색소가 줄어들기 시작하여 백석 녹안(白皙綠眼)의 코카시안(코카서스인)이 탄생했으리라 생각된다.

인류의 변화(진화) 과정을 바라보면 다음에 얘기하는 하나의 특징을 보아넘길 수 없다. 진화는 시간과 더불어 천천히 일어나는 것이 아니고,

어느 시기에 갑자기 또한 단계적으로 일어나는 것 같다. 제4기의 간빙기-빙기 교대 시 및 빙기-간빙기 교대 시에 특히 극적으로 발생했을 가능성이 높다.

예를 들면 브뤼-마쓰야마기의 경계인 69만 년 전에 귄츠 빙기가 때마침 시작되었는데 이 무렵 자바 원인과 베이징 원인이 출현했다. 드디어 35만 년, 28만 년, 18만 년 이전 경 마침 비와 3, 비와 2 및 비와 1 사건이 일어났을 무렵 민델 빙기, 간빙기가 되풀이되었는데 이 무렵에는 호모 에렉투스의 세계가 열려 상당히 인구가 증대했던 것 같다.

다시 11만 년 이전 블레이크 사건 무렵이 되자 대뇌의 부피가 특히 커진 네안데르탈인이 출현하여 뷔름 전빙기를 견디고 뷔름 후빙기 초 무렵 2.5만 년 이전까지 그들의 세계가 열려 인구가 증대했다. 호모 에렉투스에 비하면 훨씬 현대인에 가깝고, 시체도 매장했고, 어떤 학자는 그들이 벌써 종교심을 가졌다고 생각하기도 한다.

아빙기와 아간빙기가 교대하는 뷔름 전빙기 사이에 네안데르탈인은 멸망하고 크로마뇽인과 교대되었다고 생각하는 사람이 많다.

뷔름 후빙기부터 홀로세의 간빙기 교대 시에는 호모 사피엔스(우리의 조상)가 출현했음은 이미 얘기했다. 이 인류의 대뇌 부피는 현대인과 같았고 골격 등 모든 점에서 현대인과 같다고 한다. 간빙기에 들어서자 6,000년 전이 되기까지 길을 따라 호모 사피엔스가 북상을 계속해야 했던 것은 기후 변동에 대응하기 위해서였다.

이때 기온과 습도가 세계에서 극댓값을 나타내게 되었고, 그 후 갑자기 대기 온도가 저하한 것은 제4장에서 얘기했으나, 또 하나 중요한 사건이 일어났다. 그것은 기온 저하와 동시에 큰비가 내려 나일 계곡에도 큰비가 집중적으로 내려 범람이 일어났다. 마찬가지로 메소포타미아 평원에도 비가 많이 내렸고, 인더스 지방에도 같은 천연 현상이 일어났다. 역사를 펼치면 곧 밝혀지지만 나일 문명, 수메르 문명, 인더스 문명이 이 시대부터 크게 발전했다. 이 기후 변동에 의해 그때까지 이동을 계속하던 인류는 비로소 정착지를 발견했다.

그리고 호모 사피엔스의 세계는 여기서 비로소 역사시대로 들어갔다. 지질학자는 제4기의 끝인 홀로세까지의 1.3만 년 전까지 인류의 역사를 잘 연구했다. 한편 역사가는 6,000년 전부터 현재까지의 호모 사피엔스의 활약을 널리 연구하여 우리에게 보여 주었다.

1.3만 년에서 6,000년 전까지의 기간은 선사시대라고도 불리며 지질학자도 역사가도 손을 대지 않는 잃어버린 역사의 한 페이지에 대응되지만, 고고학자만은 탄소 동위원소 ^{14}C을 가지고 연대 결정하면서 조금씩 연구를 진행해 왔다. 또 최근에 와서 홀로세 연구에 꽃가루 분석을 중심으로, 특히 기후 변동에 중점을 두고 지질학자들이 손대고 있다.

이 기간에 호모 사피엔스는 이동을 계속하여 눈에 띄는 문명의 유산을 남기지 않았기 때문에 연구하기 어렵지만 신석기의 분포 및 이 뒤에 발견된 청동기에의 전환도 가까운 장래에는 연구가 완성될 것이다.

그럼 앞에서 얘기한 것같이 인류의 진보가 단계적으로 진행된 빙기에서 간빙기로, 또 그 반대로 기후 변동과 강하게 얽히는 것은 무슨 까닭일

인류는 어디로 갈 것인가?

까. 제1장에서 말한 것같이 제4기의 생물의 변화 속도는 그 이전보다도 훨씬 급격하고 절멸종도 많았다. 동물과 인류는 급한 한랭화나 온난화에, 가령 대이동으로 대응하고 그새 가혹한 시련을 겪고 이에 견뎌 살아남을 수 있는 종이 다음 시대에 지구의 주민이 된 것이다. 그렇더라도 홀로세에 출현한 호모 사피엔스가 전개한 세계와 그 이전의 구세계와의 차가 너무도 뚜렷이 갈라졌고, 빛나는 역사시대와 이에 이어지는 산업혁명에 인계되었다. 이 혁명뿐만 아니라 그 후에 발생한 자연과학, 인문과학을 중심으로 한 현대인의 생활 향상은 괄목할 만하여 다시 이 혁명 때문에 긴 지구의 역사가 있었고, 지구는 그 활약을 준비해 왔다는 느낌이 난다. 인구도 사용하는 에너지량도 때가 지날수록 비약하고 새로운 시대로 향함에 따라 폭발해갔다. 그리고 무엇이든 반 무한대가 됐다.

그러나 지구의 넓이와 그가 가진 에너지는 유한하며 인류시대에 따르는 것과 닿는 곳이 무엇이든지 무한대로 향하는 장래와는 양립하지 않는다. 여기에 큰 문제가 있다.

후기를 대신하여

황량한 황야에 수많은 사람이 모여 야외 작업을 하고 있다. 아마 그들은 무엇을 발견한 것 같았다. 가볍게 놀라는 목소리가 속삭임처럼 바람을 타고 전해 온다. 일본, 독일, 영국, 프랑스, 아랍, 스와힐리어의 평균적인 중간어(中間語)이므로 분명하지 않다. 그 말은 무겁지만 날카롭고 무언극처럼 짧은 반면에 내용이 풍부하다. 필자는 지금 미처 깨지 않은 꿈을 꾸고 있다.

꼭 일주일이 지났다. 아직 꿈이 깨지 않았다. 사람들은 마치 개미가 모여드는 것같이 무슨 큰 시체 같은 물체를 삽으로 파고 흙을 들어내고 있다.

그렇다. 그들은 고고학자들이다. 가까이 가 보았더니 사람들은 걸리버 여행기 속에 나오는 난쟁이 같았다. 큰 시체는 지금의 보통 사람만 한 크기의 사람으로 살은 썩어 뼈만 남았다.

연대 결정이 시행된 결과 1만 5,000년 전의 사람이었다. 뼈가 묻힌 흙 속에는 유리, 시멘트, 깡통 등 무기물의 쓰레기와 섬유, 유지, 고무에 이르는 유기물이 서로 뒤섞여 거대한 더미를 이루고 있다.

발굴된 사람의 화석은 그들에게는 공룡처럼 컸다. 개미 같은 난쟁이의 머리는 몸통에 비해 크고 눈빛은 매섭다. 그 눈을 보자 필자는 꿈에서 깨어 이불 위에 일어나 앉아 눈을 비볐다. 눈앞에는 책장이 보이고 난로가 있었다. 아, 여기는 이 세상이군,

그러면 꿈속의 사건은 무엇이었을까. 꿈은 1만 5,000년 후의 지구의 미래상을 알려 준 것이다.

호모 사피엔스는 멸망했다. 그리고 호모 사피엔스와 교대하여 이 지구의 주민이 된 것은 신장이 호모 사피엔스의 100만의 1 정도(몸무게도 100만분의 1)로 개미처럼 작다. 그들은 거의 식량을 필요로 하지 않고, 공해를 내지 않고, 연료를 쓰지 않고, 그러고도 연락이 서로 잘되는 평화밖에 모르는 초신인(超新人)이었다.

호모 사피엔스의 주거지는 빙기가 내습하여 어이없이 소멸했다. 호모 사피엔스 가운데서 돌연변이 하여 왜소한 인간이 계속 태어났고, 그들은 근친교배가 불가피했으므로(큰 호모 사피엔스와는 결혼할 수 없고 자손이 태어나지 않으므로) 더욱더 작은 자손이 생겨, 그것이 빙기의 식량 부족에 적합했기 때문에 더욱 왜소한 인간이 태어나 금방 개미 크기가 되었다.

참고 문헌

|제3장|

- 井尻正二·湊正雄 「地球の歴史」 岩波新書 1957
- 貝塚爽平 「日本の地形」 岩波新書 1977
- 鈴木正男 「過去をさぐる科学」 講談社ブルーバックス 1976
- 中村純 「花粉分析」 グローバル・シリーズ, 古今書院 1975
- 根本順吉 「氷河期へ向う地球」 風濤社 1973
- 羽鳥謙三·柴崎達雄編 「第四紀」 地球科学講座11, 共立出版 1972(同·第4章)
- 藤則雄·細野義夫他 「金沢周辺の第四系と遺跡」 北陸第四紀研究会 1975
- 保柳睦美 「気候変化」 自然地理学 I (福井英一郎編) 朝倉地理学講座4 朝倉書店 1966
- 山本武夫·根本順吉他 「気候変化をめぐって」 気候変動, アバンクボタ10 久保田鉄工 1974
- 和田英夫他 「異常気象」 講談社ブルーバックス 1974(同·第4章)
- Berglund, B.E. “Vegetationsulvecklingen i Nordn efler istiden” Ingar i Sveriges Natur, 31-52 1968
- Bowen, R. “Paleotemperature Analysis” Elsevier 1966(同·第4章)
- Horie, S. “Paleolimnology of Lake Biwa and the Japanese Pleistocene. Vol 4” Contribution on the “Paleolimnology of Lake Biwa and the Japanese Pleistocene” No 155. 1976
- Iversen, J. “The late-glacial flora of Denmark and its relation to climate and soil” Denm. Geol. Unders., 2rk. 1954
- Iversen, J. “Problems of the early Postglacial forest development in Denmark” Denm, Geol Unders., 4rk. 3. 1960
- Zeuner, F. "Dating the Past" Methuen 1970
- Laporte, L.F. (桑野幸夫訳) 「古環境学入門」 地球科学入門シ リーズ6 共立出版 1974

|제4장|

- 萱原健·半谷高久 「地球化学大門」 丸善 1964
- 日本化学会編 「実験化学講座」 丸善 1972
- 山本武夫 「気候の語る日本の歴史」 そし之て庫 1976
- Faure, G. "Principles of isotope geology" John Wiley&Sons. 1977
- Lamb, H. H. "Climate: Present, past and future" Methuen&Co. Ltd, 1977

|제5장|

- 川井直人 「地磁気の謎」 講談社ブルーバックス 1976
- Björn Kurtén "The Ice Age" Rupert Hart-Pauis Ltd. 1972(同·第3章)

지질 시대표

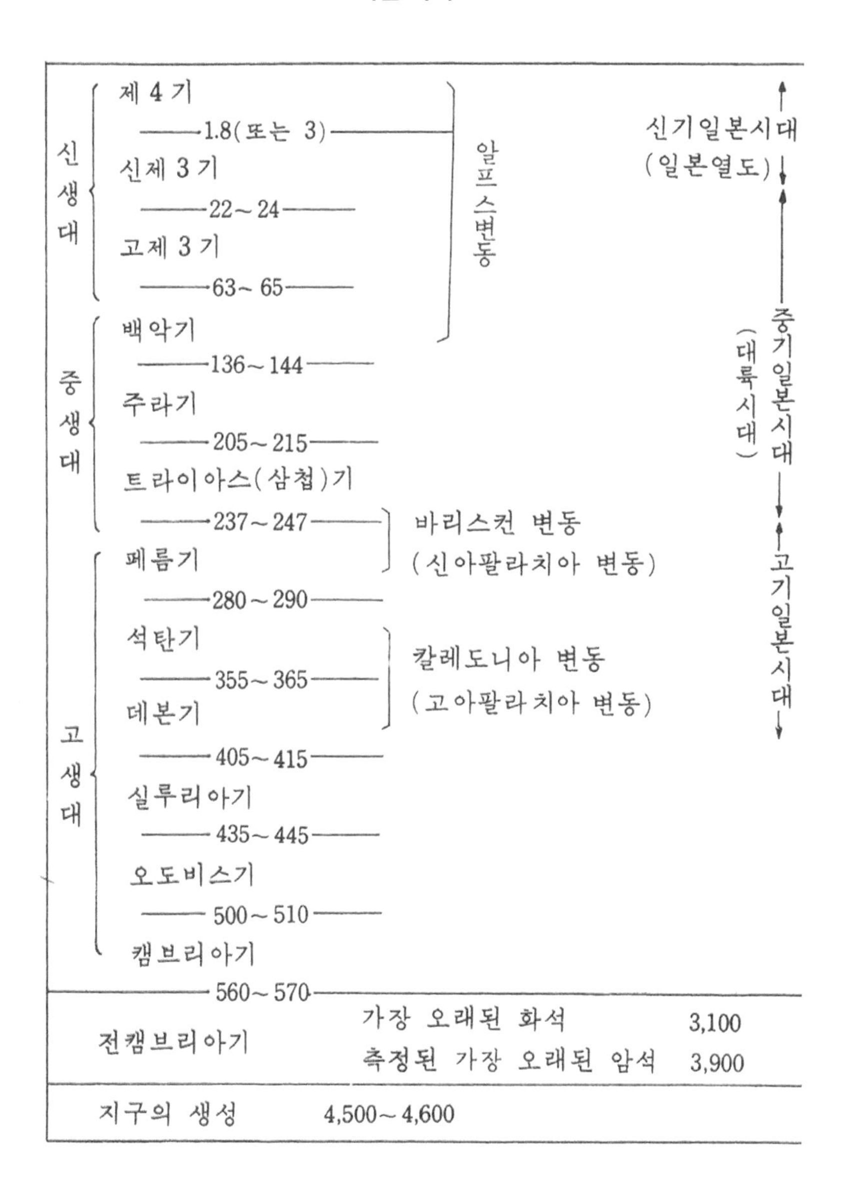
신생대
제 4 기
1.8(또는 3)
신제 3 기
22~24
고제 3 기
63~65
알프스변동
신기일본시대
(일본열도)
중생대
백악기
136~144
주라기
205~215
트라이아스(삼첩)기
237~247
바리스컨 변동
(신아팔라치아 변동)
중기일본시대
(대륙시대)
고생대
페름기
280~290
석탄기
355~365
데본기
칼레도니아 변동
(고아팔라치아 변동)
고기일본시대
405~415
실루리아기
435~445
오도비스기
500~510
캠브리아기
560~570
전캠브리아기
가장 오래된 화석 3,100
측정된 가장 오래된 암석 3,900
지구의 생성 4,500~4,600

인류의 진화를 중심으로 하는 신제3기, 제4기 연대표

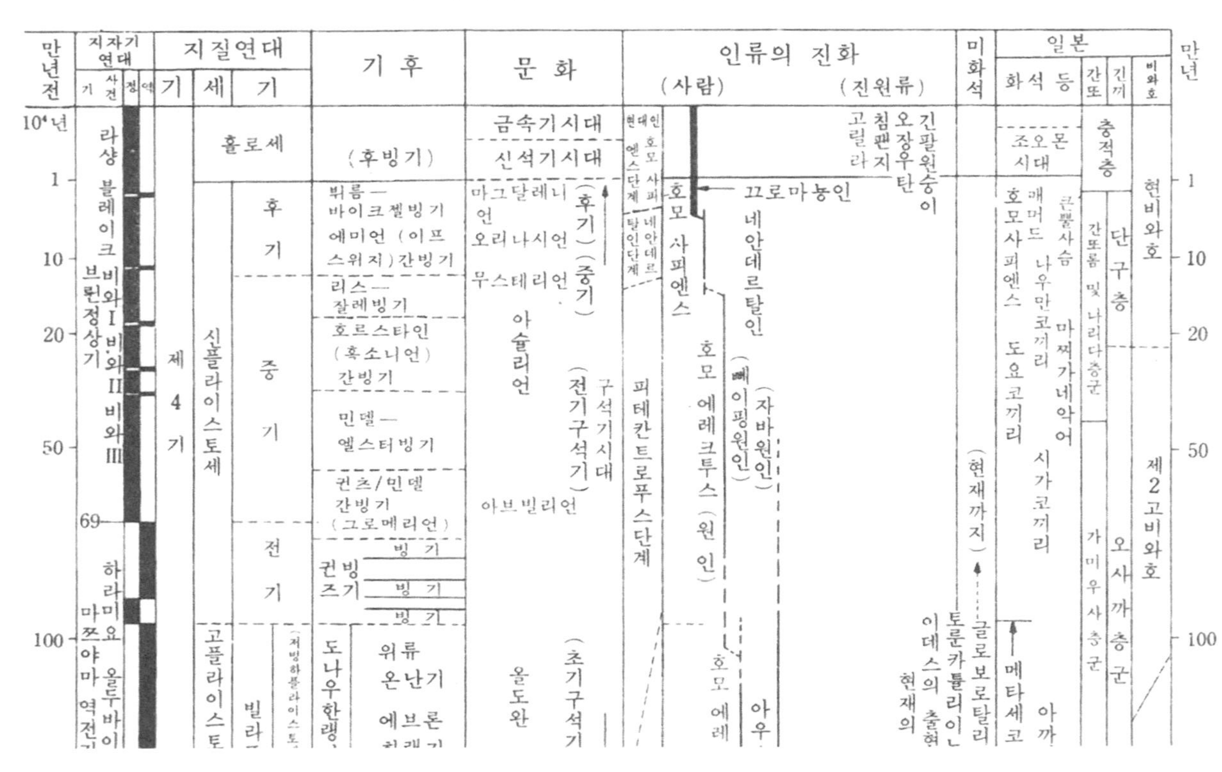

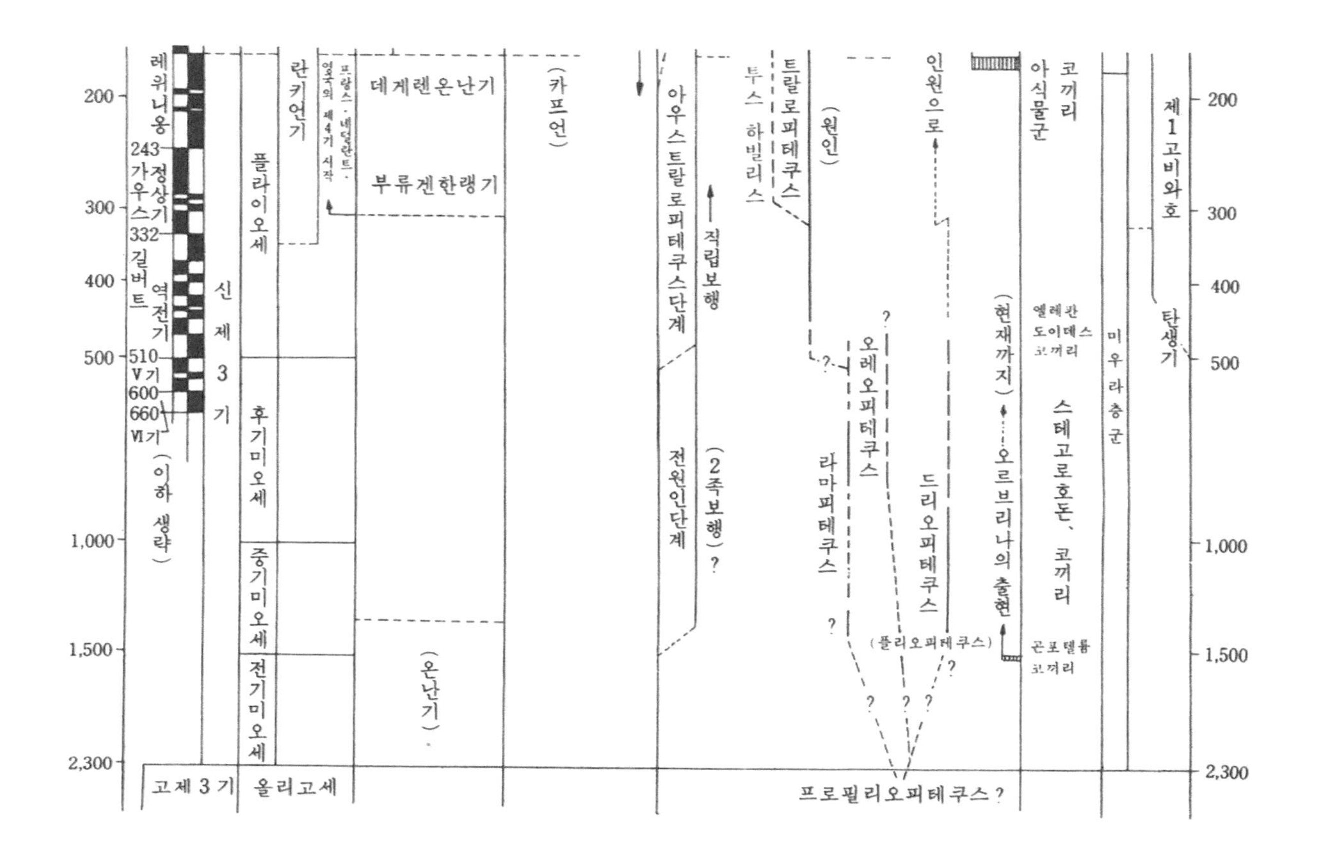

200
300
400
500
1,000
1,500
2,300
레위니옹
243
가우스
정상기
332
길버트
역전기
510
V기
600
660
VI기
(이하 생략)
신제3기
고제3기
플라이오세
후기미오세
중기미오세
전기미오세
올리고세
란키언기
프랑스·네덜란드·영국의 제4기 시작
데게렌온난기
부류겐한랭기
(온난기)
(카프언)
아우스트랄로피테쿠스단계
전원인단계
직립보행
(2족보행)?
투스 하빌리스
트랄로피테쿠스
(원인)
라마피테쿠스
오레오피테쿠스
드리오피테쿠스
(플리오피테쿠스)
인원으로
(현재까지)
오르브리나의 출현
프로필리오피테쿠스?
아식물군 코끼리
엘레판도이데스 코끼리
스테고로호돈, 코끼리
곤포텔룸 코끼리
미우라층군
제1고비와호
탄생기

지질 시대 구분·생물의 변천

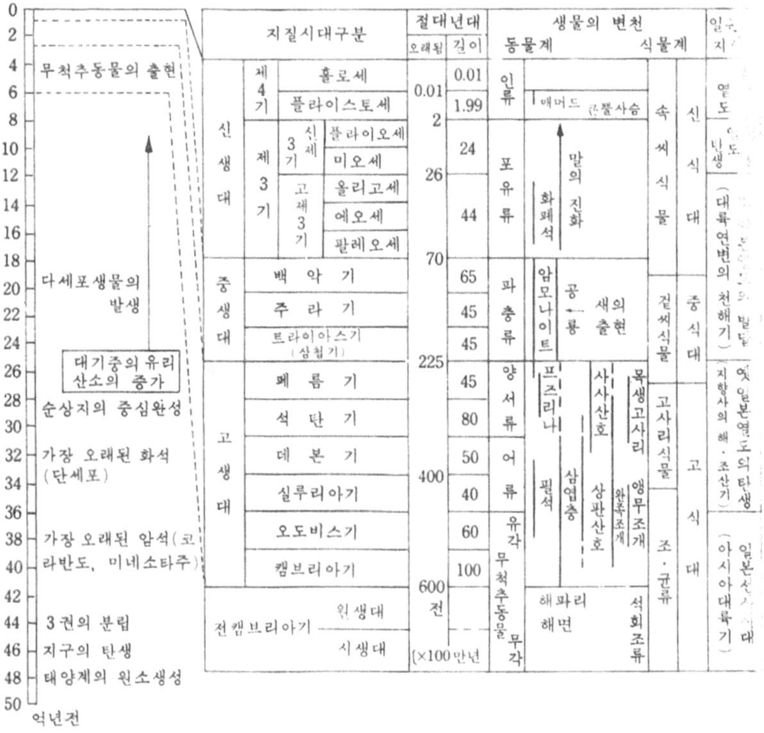

억년전	
0	
2	
4	무척추동물의 출현
6	
8	
10	
12	
14	
16	
18	
20	다세포생물의 발생
22	
24	대기중의 유리 산소의 증가
26	
28	순상지의 중심완성
30	
32	가장 오래된 화석 (단세포)
34	
36	
38	가장 오래된 암석(코라반도, 미네소타주)
40	
42	
44	3권의 분립
46	지구의 탄생
48	태양계의 원소생성
50	

지질시대구분				절대년대 오래됨	절대년대 길이	생물의 변천 동물계		생물의 변천 식물계	
신생대	제4기		홀로세	0.01	0.01	인류		속씨식물	신식대
			플라이스토세	2	1.99		매머드 큰뿔사슴		
	제3기	신제3기	플라이오세		24	포유류	말의 진화		
			미오세	26					
		고제3기	올리고세		44		화폐석		
			에오세						
			팔레오세	70					
중생대	백악기				65	파충류	암모나이트, 공룡 ← 새의 출현	겉씨식물	중식대
	쥐라기				45				
	트라이아스기 (삼첩기)			225	45				
고생대	페름기				45	양서류	프즈리나, 사사산호, 목생고사리	고사리식물	고식대
	석탄기				80				
	데본기				50	어류	필석, 삼엽충, 상판산호, 완족조개, 앵무조개		
	실루리아기			400	40				
	오도비스기				60	유각		조·균류	
	캄브리아기			600	100	무척추동물			
전캄브리아기	원생대			전			해파리, 해면	석회조류	
	시생대			(×100만년)		무각			

일본 지사
열도
탄생
(대륙연변의 천해기)
옛 일본열도의 탄생 (지향사의 해·조산기)
일본선사시대 (아시아대륙기)